DIANLI SHENGCHAN XIANCHANG
ZIJIU JIJIU

电力生产现场
自救急救

田迎祥　主编

中国电力出版社
CHINA ELECTRIC POWER PRESS

内 容 提 要

本书根据电网企业应急技能培训的要求和实际需要，对电网企业应急救援过程中，应急救援专业人员必备的避险逃生、现场自救、现场互救和现场急救知识和技能进行了详细的阐述。

本书适用于电网企业应急救援专业队伍进行应急技能学习和培训，也可作为相关行业、企业应急救援人员学习的参考用书。

图书在版编目（CIP）数据

电力生产现场自救急救 / 田迎祥主编 . — 北京：中国电力出版社，2018.3
ISBN 978-7-5198-1749-7

Ⅰ.①电… Ⅱ.①田… Ⅲ.①电力工业—工伤事故—自救互救 Ⅳ.① TM08

中国版本图书馆 CIP 数据核字（2018）第 030728 号

出版发行：中国电力出版社
地　　址：北京市东城区北京站西街 19 号（邮政编码 100005）
网　　址：http://www.cepp.sgcc.com.cn
责任编辑：周秋慧（010-63412627）马雪倩
责任校对：常燕昆
装帧设计：王英磊　张　娟
责任印制：邹树群

印　　刷：三河市万龙印装有限公司
版　　次：2018 年 3 月第一版
印　　次：2018 年 3 月北京第一次印刷
开　　本：710 毫米 ×980 毫米　16 开本
印　　张：15.75
字　　数：265 千字
印　　数：0001—3000 册
定　　价：80.00 元

编 委 会

前　言

　　2003 年严重急性呼吸综合症（severe acute respiratory syndromes，SARS）席卷全球，中国内地累计病例 5327 例，死亡 349 人；2008 年 "5·12" 四川汶川特大地震灾害震惊世界，造成 69197 人蒙难，374176 人受伤；2010 年青海玉树地震造成 2698 人死亡，数万人受伤；2011 年 "7·23" 浙江甬温线动车追尾等特大灾害造成 40 人死亡，191 人受伤；2011 年日本 "3·11" 北部海域发生的里氏 9.0 级特大地震及其引发的严重海啸至少造成 15800 人死亡，5950 人受伤。这一次次的重大突发事件不仅给我们留下了深刻的记忆、惨痛的教训和沉重的思考，也给我们敲响了警钟。在突发事件面前，人类似乎变得很无助、很脆弱，但并非束手无策。运用人类现有的智慧、知识和科学手段，最大限度地防范和减轻突发事件给人们造成的伤害、破坏和损失，成为应急救援过程中面临的重要课题。

　　电网企业作为国家基础性能源产业，在国民经济和人民生活中发挥着举足轻重的作用，因此，电网企业高度重视电力生产现场自救急救培训，以避免发生各类救援问题。例如，个别抢险队员心理素质和身体素质差，不能适应灾区恶劣环境和多变的气候，还没到救援第一线自己就成了"伤兵"，成了"被救"的人；由于救援队员缺乏必要的专业训练，抢险救援经验不足、应急装备使用不当、缺乏基本的应急知识和处置技能，现场救援的能力受到限制；发生电网生产事故造成工作人员或其他人员受到伤害时，有时束手无策、手忙脚乱，由于对伤者的现场处置不当，甚至造成二次伤害。

我们常说"平安是福"，然而您知道如何确保安全吗？当我们面对危险的时候，你知道如何最大限度地提高安全指数、降低危险对我们的伤害吗？逃避是不对的，只有正视危险，将保障安全的意愿上升到"会安全""能安全""懂安全"的高度，才可能实现真正的安全。

面对突发事件的频频发生和威胁，对突发事件应急救援尤其是伤患人员救援提出了更高的要求。怎样才能最大限度地发挥应急救援人员和现场"第一救援者"的作用，减少突发事件的人员伤亡的数量和程度呢？灾难面前，如何应对？事故面前，怎样保安？那就是要学会自救与互救，进行现场急救。

客观地说，危险是绝对的，而安全则是相对的。如何最大限度地享有安全、规避危险是我们每一个人生存的目标。人是社会的分子，家庭是社会的细胞，社会安全是由每个人的安全组成的，同样，企业的安全生产是由员工的安全组成的。只有通过学习安全知识、掌握安全技能、懂得应急自救与互救，学会现场急救，才能在危险真正发生时保持镇定、正确处置、化险为夷。

对电网企业员工进行应急自救急救技能培训的目的，并不是要把每一位员工都培养成为技术精湛的专业医务人员，而是让员工学会避险逃生、现场自救、现场互救、现场急救的知识和技术，在面对突然来临的危险时，在参加突发事件应急处置时，在没有必要的医疗设备和医务人员的情况下，正确、及时地进行避险逃生、自救和互救，并应用所掌握的急救知识和技术，在爱心的驱使下，依靠自己的一双手，在第一时间、第一现场，做出第一个反应、第一个行动，开展现场急救，以减缓伤患者的伤痛，挽救自己或他人的生命。衡量一个社会急救能力的高低，不光是要看急救专业人员的素质和水平，还要看全社会的急救素质，也就是要提高全民的急救意识和自救、互救和急救能力，做到人人会救、人人敢救、人人能救。

本书以开展应急救援人员应急自救互救、避险逃生、现场急救技能培训为目的，始终把生命安全放在第一位，牢牢坚守"发展决不能以牺牲人的生命为代价"这条红线，结合电网企业应急救援工作的实际和特点编写。本书图文并茂、通俗易懂、易学易记，实操性强。

本书包括"应急救护基础""心肺复苏""创伤现场自救急救技术""常见意外伤害自救急救技术""电对人体的作用及影响"和"触电现场自救急救技术"6个单元。本书由田迎祥担任主编并统稿，由陶苏东、李文进担任副主编。田迎祥编写前言、单元一、单元三和单元五，王丽娜编写单元二，田迎祥、王丽娜共同编写单元四，田迎祥、陶苏东、李洪战、关猛、张斌、武同宝、田静、聂洪涛、李文进、杜彬共同编写单元六。全书由张科军担任主审，许永刚、王志宏、魏峰参与审稿。钟贵森、怀亮、宋晓东、李玉美对本书提出了许多宝贵的意见和建议。

　　本书的编写，得到了本单位相关领导和专家的大力支持和帮助，参考了众多国内外医学专家的急救医学专著，并借鉴和引用了一些急救专家的资料和数据。本书的编写得到了红十字会山东鲁南应急救护培训基地主任张科军博士及其团队的大力支持和帮助，并提供了大量素材，谨此一并表示感谢！由于我们学识水平有限，错误及疏漏之处在所难免。在此，恳请应急救援专业人员及广大读者海涵，并赐教指正。

编　者

2017 年 12 月

目　录

单元一

应急救护基础

课题一 应急救护基本概念

【培训目的】

1. 正确理解急救医疗服务体系、院前急救的概念和内涵。
2. 正确理解现场自救、互救与急救的概念和内涵。
3. 正确理解"第一目击者"的概念和内涵。
4. 了解灾难与突发公共事件的概念。
5. 了解应急救援及应急预案的概念。

【培训知识点】

1. 急救医疗服务体系的内涵。
2. 院前急救的概念和内涵。
3. 现场自救、互救与急救的概念和内涵。
4. "第一目击者"的概念和内涵。
5. 灾难与突发公共事件的概念。
6. 应急救援及应急预案的概念。

一、急救医疗服务体系

急救医疗服务体系（emergency medical service system，EMSS）是伴随着高科技而发展起来的急救医学模式，它将院前急救、院内救治有机、完美结合，为急危重伤患者搭建了一条救治生命的绿色通道。院前急救、医院急救科抢救和重症病危救治这三个环节，既有分工又有密切联系，三位一体不可分割，如图1-1所示。

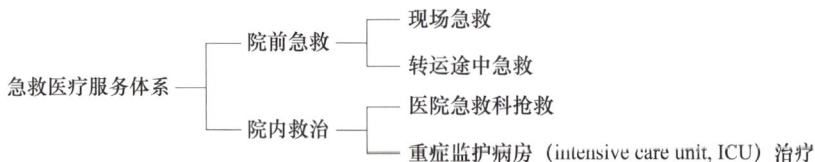

图 1-1　急救医疗服务体系（EMSS）

二、院前急救

院前急救，也称初步急救，是急救医疗服务体系最前沿的部分，是指"第一目击者"到达现场并采取一些必要措施开始直至救护车到达现场进行急救处置，然后将伤患者送达医院急诊室之间的这个阶段，是在院外对危重伤患者的急救。院前急救包括伤患者在发病或受伤后由现场医护人员或其他人员在现场进行的紧急抢救，医护人员到达现场后对急危重伤患者在现场紧急处理和抢救，以及在监护下运送至医院途中的医疗救治。院前急救的目的是挽救伤患者的生命，为医院救治赢得时间、创造条件、打好基础。它是医学领域里的一次变革，使急救工作变被动为主动，使"移动"医院迅速到达现场的伤患者身边，给伤患者树立生存信心，实施心理抚慰。

院前急救的内容包括"第一目击者"或救援者采取的一些必要的急救措施，如止血、包扎、固定等，使伤患者处于相对稳定的状态；拨打急救中心电话，呼叫救护车并守候在伤患者身边，等待救护车的到来；徒手进行人工呼吸和心肺按压；救护车到达后，急救人员采取专业措施来延缓伤患者的病情，延长伤患者的生命，使其在到达医院时具备更好的治疗条件。

救护车及救护人员的到达，标志着伤患者即已"入院"，可得到最迫切和有效的急救与护理。本教材作为大众普及和非医疗专业人员应急技能培训教材，重点介绍伤患者"入院"前，即现场自救、现场互救和现场急救部分。

三、现场自救、现场互救与现场急救

1. 现场自救

现场自救是指外援人员及力量没有到达前，在没有他人的帮助扶持的情况下，受伤或受困或患病人员靠自己的力量脱离险境，避免或减轻伤害而采取的应急行动。自救是自己拯救自己、保护自己的方法，如图1-2所示。

2. 现场互救

现场互救是指在有效自救的前提下，在灾害或意外现场妥善地救护他人及伤病员的方法。互救是对他人的援助，如图1-3所示。

图1-2　现场自救

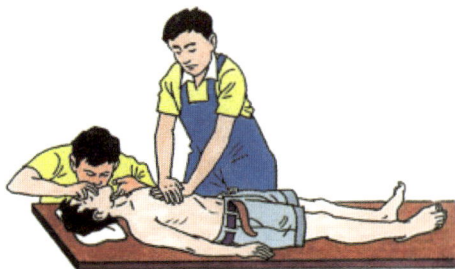

图1-3　现场互救

3. 现场急救

现场急救是指现场工作人员或"第一目击者"在未获得专业医疗救助前，为防止伤病情进一步恶化而对伤患者采取的一系列急救措施。

急救关乎生命、互救重于急救、自救才是根本。正确的逃生其实就是自救的一种好方法。

四、灾害及灾害医学

1. 灾害

灾害是指任何能引起设施破坏、经济严重受损、人员伤亡、健康状况及卫生服务恶化的事件。如其规模超出事件发生社区的本身承受能力而不得不向社区外部寻求专门援助时，称之为灾害事件。灾害包括一切对自然生态环境、人类社会的物质和精神文明建设，尤其是人们的生命财产等造成危害的自然事件和社会事件，如地震、火山喷发、风灾、火灾、水灾、旱灾、雹灾、雪灾、泥石流、疫病等。常见的自然灾害如图1-4所示。

2. 灾害医学

灾害医学又称灾害救援医学，是在各种自然灾害和事故中，实施紧急医学救治、疾病预防和卫生保障的科学。灾害医学涉及灾害救援的各个方面、各个阶段，是灾害救援的重要组成部分。

灾害医学与急救医学是两个独立的学科，两者关系十分密切，但又有重要区别：灾害医学注重对灾害全过程进行干预，急救医学注重现场急救及应急处理。

（a）

（b）

（c）

（d）

图 1-4　常见的自然灾害

（a）地震；（b）火灾；（c）雪灾；（d）水灾

五、"第一目击者"

　　"第一目击者"也称"第一发现者""第一反应者""第一救援者"，即在现场第一时间发现受伤、出血、骨折、烧伤、患急病，甚至呼吸、心搏骤停的人并立即采取行动的人。"第一目击者"可以是事故现场的人、伤病人身边的人，也可能是路人或偶遇的人，但不是视而不见的旁观者，而是真正采取行动的人，可能是第一个打电话的人，也可能是第一个施救的人。在马路上，警察和路人可能是第一目击者；在家中，患者的家属、保姆可能是第一目击者；在公共场合，保安人员、服务人员可能是第一目击者；在运动场，队友、伙伴可能是第一目击者。总之，任何人、任何时间、任何地点都可能成为"第一目击者"。

5

我们每一个人随时随地都有可能成为"第一目击者"，这个人不专指医生。因此，伤患者身边的任何人都应该成为"第一目击者"而不是"第一旁观者"。

据统计，我国每年有超过54万人猝死，而70%的猝死病例发生在医院以外，其中约四分之一的患者因为"第一目击者"不懂得急救知识而导致伤残或者死亡。目前，我国许多区域做不到救护车在4~5min内赶到伤患者身边，这时，"第一目击者"的作用就非常关键。如果经过训练的"第一目击者"在救护车赶到前，采用正确的急救措施，现场进行救治，可以为伤患者争取宝贵的抢救时间。

六、灾难与突发公共事件

1. 灾难

灾难是由于人为或自然的原因，造成信息系统运行严重故障或瘫痪，使信息系统支持的业务功能停顿或服务水平不可接受达到特定的时间的突发性事件。这个定义不仅给出了灾难的范围，也给出了灾难的判断标准。

灾难往往会造成大量人员伤亡、财产损失，有时会彻底改变自然环境，甚至造成社会秩序混乱。灾难也是一个非常庞大复杂的体系，该体系可分为天灾（自然灾难）和人祸（人为灾难）两大体系，两者往往互相渗透，有时很难区分开来。大部分自然带来的灾难是非人力可抗拒的，只能通过预防和抗灾来减轻损失。人为灾难是人类疏忽或者蓄意造成的，大部分是可以预防和制止的。

2. 突发公共事件

突发公共事件（也称突发事件）是指"突然发生，造成或者可能造成严重社会危害，需要采取应急处置措施予以应对的自然灾害、事故灾难、公共卫生事件和社会安全事件"。

突发事件形式多样、机理各异、范围不一，我国根据突发事件的发生过程、性质和机理，将突发事件主要分为以下四类，如图1-5所示。

（1）自然灾害。主要包括水旱灾害、气象灾害、地震灾害、地质灾害、海洋灾害、生物灾害和森林草原火灾等。

（2）事故灾难。主要包括工矿商贸等企业的各类安全事故、交通运输事故、公共设施和设备事故、环境污染和生态破坏事件等。

（3）公共卫生事件。主要包括传染病疫情、群体性不明原因疾病、食品安全和职业危害、动物疫情等。

（4）社会安全事件。主要包括重大刑事案件、重特大火灾事件、恐怖袭击事件、涉外突发事件、金融安全事件、较大群体性事件等。

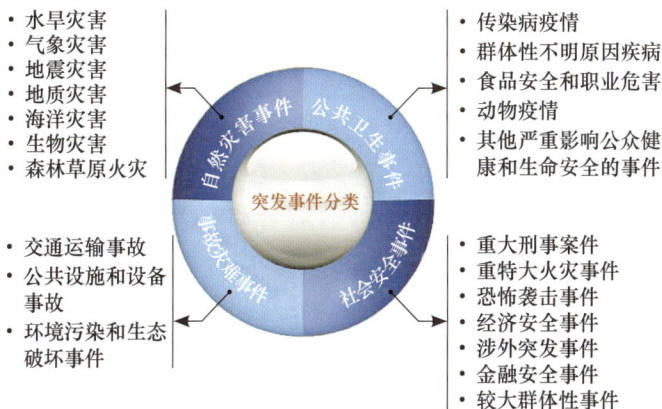

图 1-5　突发事件的分类

七、应急救援及应急预案

（一）应急救援

1. 应急

应急指应付急需，应付紧急情况；需要立即采取某些超出正常工作程序的行动，以避免事故发生或减轻事故后果的状态，有时也称紧急状态，同时也泛指立即采取超出正常工作程序的行动；满足紧急需要。

2. 救援

救援指拯救、救助、援助；指灾害发生后，政府、社会团体、个人组织等各级各界力量参与救灾以减轻人员伤亡和财产损失为目标的行动。现代所说的救援指个人或人们在遭遇灾难或其他非常情况（含自然灾害、意外事故、突发危险事件等）时，获得实施解救行动的整个过程。

3. 应急救援

应急救援一般是指针对突发事件采取预防、预备、响应和恢复的活动与计划。应急救援的基本任务是立即组织营救受害人员，组织撤离或者采取其他措施保护危险危害区域的其他人员；迅速控制事态，并对事故造成的危险、危害进行监测、检测，测定事故的危害区域、危害性质及危害程度；消除危害后果，做好现场恢复；查明事故原因，评估危害程度。

（二）应急预案

应急预案是应对突发事件的原则方案，是在辨识和评估潜在的风险因素、事故类型、发生的可能性、事件后果的严重程度及影响范围的基础上，对应急机构职责、人员、技术、装备、设施、物资、救援行动及其指挥与协调等方面预先做出的具体安排。它提供了突发事件处置的基本规则，是突发事件应急响应的操作指南。应急预案解决的主要问题是在应急状态下"谁负责做什么"，与具体解决如何操作的各类规程、反措和其他技术文件有着本质的区别。应急预案的主要内容一般包括目的、依据、适用范围、处置原则、应急组织机构及其职责、危险性分析、预防与预警、应急响应、信息报告、后期处置、应急保障和应急演练等。应急预案经批准生效后具备法规制度的效力。

复习思考题 💡

1. 急救医疗服务体系的三个环节是什么？
2. 什么是院前急救？院前急救的内容包括哪些？
3. 什么是现场自救？
4. 什么是现场互救？
5. 什么是现场急救？
6. 什么是"第一目击者"？
7. 什么是突发公共事件？突发公共事件分哪几类？
8. 什么是应急救援？
9. 什么是应急预案？

课题二　现场急救

【培训目的】

1. 深刻理解现场急救重要意义。
2. 熟悉现场急救的特点和原则。
3. 了解急救医学发展趋势。

【培训知识点】

1. 现场急救的重要意义。
2. 现场急救的特点。
3. 现场急救的基本原则。
4. 现场急救的医疗救护原则。

如前所述，现场急救是现场工作人员或"第一目击者"对伤患者迅速、正确的救治和关怀。现场急救作为院前急救的重要组成部分，在维持、抢救伤患者的生命，改善伤患者的伤病情，减轻伤患者的痛苦，尽可能防止伤患者发生并发症和后遗症等方面发挥着重要的作用。本书将重点介绍现场急救的内容。

一、现场急救的重要意义

1. 全球日益增多的天灾人祸急需医疗急救做保障

随着科技的发展，人们的生活、活动空间的越来越大，我们所乘坐的交通工具速度越来越快，加上我们生存的地球处于一个非常活跃的时期等，使得我们在时间上和空间上时刻处在危险的包围之中，正是危险无处不在、无时不在。时任联合国秘书长安南先生就曾说道："我们的世界比任何时候更容易受到灾害的伤害，灾害造成死亡的人数在不断加大，灾害的经济损失也迅猛增长，我们相当被动。"灾害是不可避免的，而减轻灾害则是可能的，也是必需的。近年来，严重的生产安全事故、频发的恶性交通事故、严重的环境污染事件、突发的严重自然灾害等，都造成了大量的人员伤亡。2008年"5·12"四川汶川特大地震灾害造成近 7 万人遇难，近 40 万人受伤。这些意想不到的突发事件，措手不及的危重伤病都需要及时而有效的现场急救做保障。

2. 企业安全生产离不开现场急救

企业生产活动必须在安全生产的前提下完成，但安全生产事故仍时有发生，危害着现场工作人员的身体健康，甚至造成人身死亡。人的生命只有一次，生命只有精彩的演出，没有重复的彩排，我们不知道什么时候、在什么地方、什么企业、什么人会发生什么样的意外事故。但如果我们具有现场急救的知识，具备现场急救的技能，当我们遇到重大突发事故，在生死攸关的时刻，我们就有可能靠自己的力量，能逢凶化吉、化险为夷，也可以在生死关头，帮助他人、挽救生命。

在生产事故致死性伤员中，约有 35% 本来是可以避免死亡的，关键是能否获得快速、正确、高效的应急救护。现场急救是在危机时刻，最大程度挽救伤者、病人生命的重要方法。因此，企业生产人员熟练掌握现场急救的知识和技能是企业安全生产的重要环节之一。

3. 现代医疗急救体系需要现场急救

如前所述，急救医疗服务体系中的院前急救是其中重要的环节。如果紧急意外伤害事故和突发急危重症伤病发生在医院以外的地方，由于专业医生一般不可能立即赶到伤病突发现场，就需要得到及时的现场急救。这时，一方面，现场的"第一目击者"或伤患者本人应该尽快与医疗机构取得联系，让医务人员及时赶到现场对伤患者进行救治，并将其送达医院；另一方面，应立即对伤患者进行现场急救，达到保全生命、防止伤势或病情恶化、促进恢复的目的。

4. 现场急救对时间的要求

从人体生理的角度来说，常温下，心搏骤停 4min 就会造成脑细胞的破坏，超过 4min 脑细胞损伤几乎是不可逆的，因而将心搏骤停后的 4min 作为心肺复苏的黄金时间。而在黄金时间内，由第一目击者或医务人员在现场进行的应急救护可以最大程度地挽救伤者、病人的生命，甚至能达到 80% 左右的成功率。由此可见，抓住宝贵的救命黄金时间是何等的重要，也充分彰显出"时间就是生命"的深刻内涵。

当遇到危及生命的意外伤害和急病时，迫切需要在黄金时间里有医务人员到达现场进行急救，而现实是目前要保证救护车在 5min 内赶到事故发生的现场是困难的。救命时间的分秒必争与救护车不能招之即来和现场缺乏敢急救、会急救、能急救的医务人员或急救员的尖锐矛盾，使得人的生命就在这样无序的关联中无情地消逝了。对于这一救命矛盾中的两个方面，我们不能改变的是人体对急救黄金时间的依赖，而能做的就是现场急救。

二、现场急救的特点

现场急救的特点可用"急""变""难""险"概括：

"急"，其实质是指伤患者发病"急"，具有一定的突发性；对医疗需求"急"，表现为时间的紧迫性；医务人员抢救处置"急"，表现为救治的应急性。

"变"，指伤患者病情变化快及急症就医变数多。

"难"，一难是危重伤患者多种多样，伤病复杂；二难是现场伤患者多、病情急，急救人员少；三难是现场多发伤、复合伤多。

"险"，一险是伤患者因伤病情重而危险性大；二险是抢救工作风险大，社会责任重。

三、现场急救的原则

1. 现场急救的基本原则

现场急救的基本原则是安全、简单、快速、准确。

（1）安全。安全是指施救前、施救中及施救后都要排除任何可能威胁到救援人员、伤患者的因素。包括环境的安全隐患，救人者与伤患者相互间传播疾病的隐患，急救方法不当对救援人员或伤患者造成的伤害等及其产生的法律上的纠纷，现场急救实施中救援设备的安全隐患等。救人时，施救者必须很勇敢，但是也应该审时度势，在情况危急的情况下，既要保护好伤患者，又要保护好自己。事实上，往往只有保护好自己，才能更好地去保护和救治伤患者。我们应该尽量做到既实现救援目的，又不牺牲人员。遇到风险，减少伤亡才是人性化的救援目的。

（2）简单。简单的目的是便于学习、便于记忆、便于掌握。在急救过程当中，把没有实际意义的环节省去，一方面能够节约时间，另一方面能够提高效率。

（3）快速。快速是确保效率的一种有效手段。在确保操作准确的前提下，尽量加快操作速度以达到提高施救效率的目的。

（4）准确。准确是指施救技术的准确及其有效性。施救方法的准确是现场施救的重点要求。无效的施救等同于浪费时间、耽误伤患者的病情甚至伤及伤患者的生命。

2. 现场急救的医疗救护的原则

现场急救的医疗救护原则是坚持"一个中心，四个基本原则"。

（1）一个中心。现场急救始终坚持以伤患者生命为中心，严密监护伤患者生命体征，正确处置危及伤患者生命的关键环节，保证或争取伤患者在到达医院前不死亡。

（2）四个基本原则：

1）对症治疗原则。现场急救主要是针对"症状"而不是针对"疾病"，即是对症而不是对病、对伤。现场急救主要不是为了"治病"，而是为了"救人"，它只是处理疾病或创伤的急性阶段，而不是治疗的全过程。对有生命危险的急症者，必须先"救人"，后"治病"。

2）拉起来就跑原则。即对一些在现场无法判断或正确判断需要较长时间，而伤患者又十分危急者，无法采取措施或采取措施也无济于事的危重伤患者，急救者不要在现场做不必要的处理，以免浪费过多时间。应以最快的速度将伤患者安全送至医院，并加强途中监护、输液、吸氧等治疗，做好记录。

3）就地治疗的原则。就地治疗的原则是指对某些急症患者，现场施救人员不能简单地把伤患者拉起来一走了之，而是必须在现场采取合适有效的急救措施，待伤患者病情基本稳定后才能送往医院。如有人触电，导致呼吸、心跳骤停，在现场必须立即进行心肺复苏或采用边复苏边转送伤者到医院的方法，否则伤患者必死无疑。

4）全力以赴的原则。就是现场急救人员要本着对危重伤患者的生命高度负责的精神，在实施现场急救特别是生命支持过程中的每个环节上要尽其所能、全力以赴、救死扶伤，绝不抛弃、不放弃。

四、急救医学发展趋势

急救医学发展的趋势是急救的社会化、急救实施的全民化、急救医疗器械配置的公共化和急救设施的现代多元化。

1. 急救的社会化

急救的社会化是现代急救观念的基石，充分利用各类急救资源，建立和完善贯穿整个急救服务全过程，使各个环节有效、规范地"链接"，努力实现全社会"大急救、会自救、能互救"。急救绝不单靠专业急救机构或医院来完成，联合国将每年9月第2个星期六定为世界急救日，以宣传和推动急救工作。我国也将安全、急救教育纳入义务教育范畴。

2．急救实施的全民化

西方一位急救医学专家曾经说过，"对于一般公民来说，最大的威胁不是家里失火，也不是马路上的罪犯，而是不能在生死攸关的几分钟内得到及时的急救治疗"。由此可见，在伤者或发病现场的目击者是否掌握急救知识和技能并伸出援手是挽救伤患者生命的一个极其重要的环节。西方国家心搏骤停抢救成功率接近70%，而我国不到1%。70%的猝死发生在医院外，如果病人的家人、朋友作为目击者变成第一施救者，虽然只是进行简单的人工呼吸、心脏按压和创伤处理等急救方法，但在最黄金的时间里可能起到抢救生命的决定性作用。全民普及急救知识和技能，对于挽救伤患者的生命、保障人们的身体健康是非常必要的。

3．急救医疗器械配置公共化

充分利用各种资源将自动体外电击除颤器（见图1-6）、简易呼吸器（见图1-7）等急救医疗器械如同消防器材一样配备在商场、学校、机关、火车、轮船、飞机上等公共场所，操作人员既可以是医务人员，也可以是警察、老师、服务员等。如有意外发生时，在第一时间由现场目击者使用这些设备实施现场急救，就可能挽救伤患者的生命。

图 1-6　自动体外电击除颤器

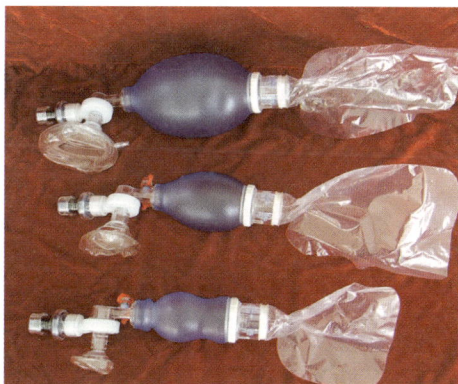

图 1-7　简易呼吸器

4．急救实施的现代多元化

（1）"ICU"前伸至现场。配备有现代化监护、检验、治疗仪器的"ICU"可以由飞机、救护车、飞艇运至事故急救现场，缩短救治时间。中国汶川大地震在抢救现场就有部队的"ICU"治疗单位，人到"ICU"到，车到"移动医院"到，如图1-8为配有"ICU"的监护型救护车。

（a）   （b）

图 1-8 "ICU"监护型救护车

（a）救护车外形；（b）救护车内

（2）立体救援。建立水、陆、空通道实施急救，通过远程会诊系统，请著名的急救医学专家给急危重的病人会诊，指导治疗，构筑全方位、立体化、多层次和综合性的急救诊疗体系。中国汶川大地震中道路下陷、桥梁断裂、垮塌，就是通过空中、水路等进行救援的。

复习思考题

1. 现场急救重要意义是什么？
2. 现场急救的特点是什么？
3. 现场急救的基本原则是什么？
4. 现场急救的医疗救护原则是什么？

课题三　现代救护新观念

【培训目的】

1. 深刻理解现代救护的特点。
2. 深刻理解"急救时间窗"的概念和含义。
3. 熟练掌握"生命链"的概念及内涵。

【培训知识点】

1. "急救时间窗"的概念和含义。
2. "黄金 4min"的概念。
3. "白金 10min"的概念。
4. "黄金 1h"的概念。
5. "生命链"的概念及内涵。

一、现代救护与传统救护观念的对比

现代救护是指针对工作、生活中容易发生的危重急症、意外伤害，向普通大众普及简单的、实用的救护知识，使其掌握基本救护理念与技能，能在意外现场及时、有效地开展救护，为安全生产、健康生活提供必要的保障。

现代救护要求必须立足于黄金时间。无论是意外还是疾病，特别是触电、溺水、雷击、猝死等意外伤病，现代救护要求在现场的第一人（即"第一目击者"），用自己所掌握的现场急救技能为伤患者尽早实施救护，提高伤患者的生存几率，减少伤残。

现代救护与传统救护观念的对比见表 1-1。

表 1-1　　　　　　　　　　现代救护与传统救护观念的对比

传统救护观念	现代救护观念
社会及公众都认为：抢救病人及意外伤害完全是医务人员的事	全民都要掌握基本救护知识和技能，当危险发生时能够正确逃生、自救、互救、急救

15

续表

传统救护观念	现代救护观念
医务人员守在医院等候病人的到来，对危重病人抬起就走，拉着病人就跑，医务人员充当担架员，院前急救基本是空白	急救工作由被动变主动，有危重病人就打120，急救医疗服务体系（EMSS）为危重病人提供院前急救、急救科抢救与"ICU"救治
简单原始的救护设备：一副常规担架，及简陋的原始的医疗设备	功能齐全的救护设备，如：车载呼吸机、除颤仪、监护仪、吸引器、各种功能的担架和气管插管设备。救护车到，即移动医院到（ICU到），标志着病人"入院"
医务人员到达前救人的黄金时间被浪费	第一反应者及时施救弥补了医务人员到达现场前的无效等待时间
匪警110、火警119、医疗救护120各自为政，没有统一指挥协调，对大的公共事件处置能力差	匪警110、火警119、医疗救护120联动，互相协调配合，增强了对各种灾害的处置能力
在自然灾害和事故灾害面前束手无策，紧张慌乱，不懂逃生自救、互救的方法	经过短期培训，在遇到突发事件时正确采用逃生、自救、互救和急救方法，最大限度地保护自己和他人
公众急救知识和理念淡薄，对危重病人不会救、不敢救、不能救，投入不足，从业人员技术水平差	急救社会化，急救实施的全民化；急救医疗器械配置的公共化；重症监护前伸至现场；全方位立体救护体系；各种危重病人的绿色通道的畅通；极大提高病人的抢救成功率
不注重个人防护，不顾个人安危，舍己救人，具有救护的热情和舍生忘死的精神，但缺乏专业的救护知识，往往是自己丢了性命，也救不了别人	注重个人防护，抢救别人的同时有效地保护好自己
只看病，不注重看人，不注重心理抚慰	既看伤，同时又注重心理抚慰

二、"急救时间窗"

对急、危、重症病人和伤者，特别是触电、溺水、猝死、雷击、气道异物伤患者，抢救得越早，生还和康复的机会就越大，特别是对那些心搏呼吸骤停者，早期有效的心肺复苏和电击除颤，能最大限度地保护大脑功能，有利于整体康复。那么，究竟什么时间是"早"呢？

医学上将各种不同急危重伤情的最佳抢救时间采用形象、生动的"急救时间窗"概念来描述在一定时间内存在抢救成功可能性。

1. "黄金4min"

"黄金4min"是指呼吸、心搏停止后的4min内。"黄金4min"是针对呼吸、心搏停止患者现场急救的抢救时间窗。呼吸、心搏停止后 4min 内给予心肺复苏，可能有一半的人被救活。

2."白金 10 min"

"白金 10min"是指创伤后计时至伤后 10min。"白金 10min"是针对创伤患者现场急救的抢救时间窗。对创伤患者进行控制出血、解除窒息、保持呼吸道的通畅等措施，应该在伤后 10min 内完成。

3."黄金 1h"

"黄金 1h"是指伤后 1h 以内的时间。"黄金 1h"是提高创伤患者生存率的最佳时间窗。应分秒必争，使各种原因造成的休克，胸、腹、盆腔内脏损伤出血，严重的颅脑伤等重度伤者在伤后 1h 内得到有效的手术治疗。

三、"生命链"

"生命链"是近十几年来才在国际上出现的一个重要的急救专用名词，但它很快被社会、专家和公众接受。它是针对现代社区、生活模式而提出的以现场"第一目击者"为开始，至专业急救人员到达进行抢救的一个系列过程而组成的"链"。"生命链"普及、实施得越广泛，危急伤病员获救的成功率就越高。

在院外突然发生心脏骤停时，除非迅速采取一系列措施，否则很少有患者能够存活。"生命链"所描述的就是发生心脏骤停时应该进行的理想的系列救治措施。《2015 心肺复苏指南》进一步提出：生命的抢救过程是由五个环节构成，分别是：立即识别和启动、早期 CPR、迅速除颤、有效的高级生命支持、综合的心脏骤停后治疗。这五个环，环环相连，缺一不可，形成一个延续生命的"生命链"，如图 1-9 所示。在生命链的五个环中，前三个环可由非医务专业人员完成，这更加突出了全民参与现场急救的可行性。

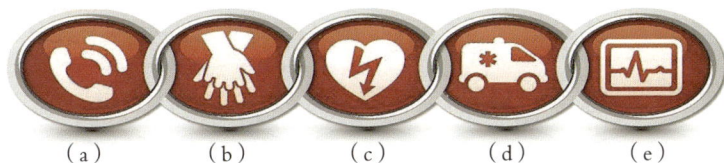

图 1-9　"生命链"图解

（a）立即识别和启动；（b）早期 CPR；（c）迅速除颤；（d）有效的高级生命支持；
（e）综合的心脏骤停后治疗

1. 第1环节——立即识别和启动

立即识别和启动即早期呼救或早期到达现场，包括对伤患者受伤或发病时最初的症状进行识别，鼓励伤患者自己意识到危急情况，呼叫当地救援系统，给救援医疗服务系统或社区医疗机构拨打电话。这样，急救系统获得呼救电话后能立即做出反应，派出急救力量迅速赶赴现场。在这个环节中，急救系统应该担负医学指导，即在专业急救人员尚未到达现场之前，告诉现场人员应该如何实施必要的救护措施，以便不失时机地对伤患者进行救护。

2. 第2环节——早期CPR

早期CPR即早期进行心肺复苏，就是伤患者呼吸心跳骤停后立即进行心肺复苏。临床研究表明，"第一目击者"若具有心肺复苏的技能并能立即实施，对伤患者的生存起着重要作用，也是在专业急救人员到达现场进行心脏电除颤、高级生命支持前，伤患者所能获得的最好的救护措施。此外，民众还应当熟悉与当地急救系统进行联系的方法，以缩短伤患者接受心脏电除颤前的时间。

3. 第3环节——迅速除颤

迅速除颤即早期进行心脏电击除颤/复律，是最容易促进生存的环节。使用除颤器进行电击除颤法是首选和效果最好的方法。

4. 第4环节——有效的高级生命支持

有效的高级生命支持即早期进行高级生命支持，就是救护车到达意外伤害现场，尽早让伤患者获得专业器械或药物的救治。在现场经过"第一目击者"的"基础生命支持"，专业救护人员赶到，越早实施"高级生命支持"，对伤患者的存活就越有利。事实上，心脏电除颤的早期采用，也是高级生命支持的内容之一。在这个过程中，采用一些其他的急救技术、药物等，使得生命支持的效果更可靠。

5. 第5环节——综合的心脏骤停后治疗

综合的心脏骤停后治疗是指把心脏骤停患者抢救回来之后的康复治疗，如低温治疗等，这是在医院内的专业措施。

复习思考题 💡

1. 什么是"黄金4min"？
2. 什么是"白金10min"？
3. 什么是"黄金1h"？
4. 什么是"生命链"？它包括哪五个环节？

单元二

心肺复苏

课题一　心肺复苏的概念及意义

【培训目的】

1. 正确理解心脏骤停、心搏骤停、心脏性猝死的概念。
2. 正确理解心搏骤停与猝死的概念与区别。
3. 正确理解心搏骤停与心脏停搏的概念与区别。
4. 深刻理解心肺复苏、初期心肺复苏的概念和意义。

【培训知识点】

1. 掌握心脏骤停、心搏骤停、心脏性猝死、心搏骤停、心脏停搏等概念的内涵。
2. 掌握初期心肺复苏的概念和意义。

【培训技能点】

1. 心搏骤停、心脏停搏的概念与区别。
2. 心搏骤停与猝死的区别。

一、基本概念

（一）心脏骤停

　　心脏骤停是指各种原因引起的心脏射血功能的突然停止，从而引发一系列临床综合症。心脏骤停发生后，由于血液循环的停止，脑血流量突然减少，导致意识突然丧失，伴有局部或全身性的抽搐。心脏骤停刚发生时脑中尚存少量含氧的血液，可短暂刺激呼吸中枢，出现呼吸断续，呈叹息样或短促痉挛性呼吸，随后呼吸停止。皮肤苍白或发绀，瞳孔放大。由于尿道括约肌和肛门括约肌松弛，可出现两便失禁。全身各个脏器的血液供应在数十秒内完全中断，迅即使患者处于临床死亡阶段。如果在数分钟内得不到正确、有效的抢救，病情将进展至不可逆转的生物学死亡。从心脏骤停至发生生物学死亡时间的长短取决于原发病的性质，以及心脏骤停后复苏开始的时间。心脏骤停发生后，大部分伤患者将在4~6min内开时发生不可逆脑损害，随后经数分钟过渡到生物学死亡。心脏骤停发生后立即实施心肺复苏和尽早除颤，是避免发生生物学死亡的关键。心脏骤停包括心搏骤停和心脏停搏两种情况。

1. 心搏骤停

心搏骤停是指伤患者的心脏在出乎预料的情况下，受到严重打击引起的心脏有效收缩和突然停止搏动，在瞬间丧失了有效的泵血功能，从而引发一系列临床综合症。

心搏骤停发生后，由于血液循环的停止，全身各个脏器的血液供应在数十秒钟内完全中断，迅即使伤患者处于临床死亡阶段。如果在数分钟内得不到正确、有效的抢救，病情将进展至不可逆转的生物学死亡，伤患者生还希望渺茫。

2. 心脏停搏

心脏停搏是指在一些消耗性疾病的晚期，全身各脏器都严重衰竭，是疾病终末期，心脏停止搏动。

心脏停搏与心搏骤停的区别是：

（1）发病原因不同。心脏停搏是各种慢性、消耗性疾病的终末期；患者身体条件差。心搏骤停是心脏出乎意料的突然停止搏动，伤患者身体基础好。

（2）抢救意义不同。心脏停搏前全身各脏器都已衰竭，抢救只是道义上，具有安慰性、演示性。心搏骤停前身体基础好，抢救成功对社会、家庭具有重大意义。

（3）抢救结果不同。心脏停搏后，心肺复苏大部分不成功，个别成功者也只是短时延长患者生命。心搏骤停后，尽早心肺复苏大部分复苏成功，部分成功者可不留后遗症，能正常生活。

（二）心脏性猝死

心脏性猝死是指急性症状发作后在1h内发生的以意识突然丧失为特征的，由心脏原因引起的自然死亡。病人可能平素身体"健康"或病情稳定，出乎预料的因心脏疾病突然死亡。顾名思义心脏性猝死是患者因病猝然死亡。无论是患者还是其家属都始料不及，这是该病的可怕之处。在人的一生中心脏性猝死有两个高峰期，一是出生后6个月，二是45~75岁。

心搏骤停与心脏性猝死的区别是：

（1）因果关系不同。心脏性猝死是心搏骤停的多数结果，但不是唯一结果。小部分心搏骤停伤患者经心肺复苏后能成活或称为正常人。

（2）病因不同。心脏性猝死是因疾病死亡；心搏骤停可因病、创伤、中毒、电解质紊乱等发生。

（3）心搏骤停讲述一种状态，是一个阶段性诊断；心脏性猝死是讲述一种结果，是一个终结性诊断。

（4）心脏性猝死是唯一能预防但不能被治疗的疾病，反之能够被治疗的甚至被治愈的疾病都不是心脏性猝死；心搏骤停是一个可以改变病程发展方向，能够被治疗或被治愈的疾病。

（三）心肺复苏

心肺复苏（cardio pulmonary resuscitation，CPR）是针对呼吸心跳停止的急危重症伤患者所采取的抢救关键措施，也就是先用人工的方法代替呼吸、循环系统的功能（采用人工呼吸代替自主呼吸，利用胸外按压形成暂时的人工循环），快速电除颤转复心室颤动，然后再进一步采取措施，重新恢复自主呼吸与循环，从而保证中枢神经系统的代谢活动，维持正常生理功能。

心肺复苏特别适合各种意外伤害导致的呼吸、心搏骤停以及各种急病或各种疾病突发导致的呼吸、心搏骤停的急救。

图2-1　徒手心肺复苏

医学上将心肺复苏分为三期，一期是基础生命支持或初期复苏，包括徒手心肺复苏（见图2-1）和除颤；二期是高级生命支持或后期复苏，包括高级气道建立和复苏药物；三期是延续生命支持或复苏后治疗，主要解决脑死亡问题。一期是非专业人员应该熟练掌握的，而后两期一般需由专业人员操作完成。

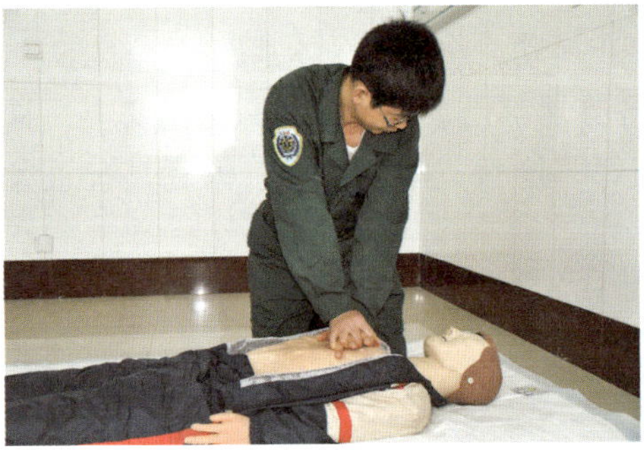

初期心肺复苏是所有急救技术中最基本的救命技术，它不需要高深的理论和复杂的仪器设备，也不需要复杂技艺，只要一双手，按照规范化要求去做，就可能使危重伤患者起死回生。

初期心肺复苏又称基础生命支持。徒手心肺复苏包括生命体征的判断和及时呼救，开放气道，胸外心脏按压，人工呼吸；除颤包括自动体外除颤器除颤和非自动体外除颤器除颤，前者非专业人员可以经短期培训后熟练掌握，后者则需要专业医务人员操作。本书只介绍徒手心肺复苏和自动体外除颤器除颤。

二、心肺复苏的意义

世上所有有生命的机体都会面临着衰老和死亡两个基本的问题。人类也不例外，一个人从他出生的那一刻起，就注定要一步步迈向死亡，因此死亡是每个人都无法回避的客观规律，同时人类对死亡的恐惧也是与生俱来的。为了延缓衰老、抗拒死亡，从古到今人们想出了许多长生不老的方法，催生了一个又一个返老还童的奇思妙想。

当人的生命受到威胁时抢救得越早，伤患者生还和康复的机会就越大，特别是对一些心搏呼吸骤停的伤患者，时间是伤患者的生命，早期有效的心肺复苏和电击除颤复律，能最大限度地保护人类的大脑功能，对于伤患者的整体康复起到了尤为重要的作用。

纵观中外医学历史，不难发现为了逃避死亡的威胁，人类从未停止过探索的脚步，特别是在濒临死亡的危急关头，使用一切手段挽救生命、延长生命早已成为人类科技探索的重要方向。经过漫漫的历史长河，人类终于从原始祈求神灵庇护的巫术发展到了现代高科技的全新医学模式，从早期通过迷信来麻木人的思想、被动地试图摆脱病痛的折磨，到现在利用一切科学技术手段因病施治、主动征服病痛对人类的死亡威胁，可以说是人类思想意识上的巨大进步。而心肺复苏术正是人类千百年来探索经验和智慧的结晶，其目的就是试图让伤患者从"死亡"的边缘起死回生。

现代心肺复苏术从 20 世纪 60 年代初建立，经过不断完善，推广到现在已经走过了 50 多年的历程，它所取得的成绩是巨大的。仅美国和欧洲每天平均就有1000 多位呼吸、心搏骤停的伤患者被成功抢救。而这些不需要任何设备，任一时间任一地点，仅仅依靠一双手，一双经过急救培训过的手就可以救人一命。对普通人来说它只是一项急救技能，有了这一技能，就可以实现自己救助他人的伟大而崇高的人生价值。而事实效果也证明心肺复苏术确实是危急关头挽救生命的重要手段之一（发达国家抢救成功率近 74%）。

因此心肺复苏是一项救命的技术，是一项行之有效的好方法。口对口人工呼吸它像一阵春风，吹进了肺脏，吹绿了生命的原野；它像一股清泉，浇灌着全身，滋养了生命之躯。胸外心脏按压像启动了一台救命的电动机，驱动滞留的血液流向大脑，流向心脏，流向肾脏，流向全身，使身体有了生机，生命有了希望。

通常在常温情况下，人的心脏停止跳动后，3s 后病人就会因脑缺氧而感到头晕；10～20s即发生昏厥、丧失意识；30～40s会瞳孔散大；40s左右会出现抽搐；60s后呼吸停止、大小便失禁；4min后脑细胞会发生不可逆转的损害，无法再生；10min后，脑组织大部分死亡。如果在人的心脏停止跳动后1min内进行心肺复苏，存活率高于90%；4min内进行心肺复苏，存活率为50%；4～6min内开始进行心肺复苏，存活率为10%；6min后心肺复苏，存活率仅为4%；而10min后开始心肺复苏，存活率微乎其微。因此，时间就是伤患者的生命。

心搏骤停者大部分发生在医院外，而黄金抢救时间只有短短的4min。按目前国内院前急救医疗的实际情况，即便是在大城市救护车也很难在黄金时间的最后一刻到达。这就要求我们的住所能在现代化的医疗救助保护之下，同时我们的同事、家人、朋友具有简单、实用、有效的急救技术，才能防患于未然，达到真正的社会和谐。

古语云："死而复生谓之苏"。复苏就是对濒临死亡伤患者的拯救。心肺复苏是对心搏骤停者所采取的一组救治措施。医学上对其他疾病的干预和处理称之为治疗和抢救，而唯独对心搏骤停的治疗称之为复苏。因此，心肺复苏在急救医学中的重要性和特殊性可见一斑。

复习思考题

1. 什么是心脏骤停？
2. 什么是心搏骤停？
3. 什么是心脏性猝死？心搏骤停与猝死有何区别？
4. 什么是心脏停搏？心脏停搏与心搏骤停有何区别？
5. 什么是心肺复苏？心肺复苏的意义是什么？

课题二　徒手心肺复苏

【培训目的】

1. 掌握生命体征的判断和及时呼救的方法。
2. 熟练掌握开放气道的方法。
3. 熟练掌握胸外心脏按压的方法。
4. 熟练掌握人工呼吸的方法。
5. 熟练掌握徒手心肺复苏的操作步骤、流程和具体操作方法。

【培训知识点】

1. 人工呼吸的原理。
2. 徒手心肺复苏各个环节的操作要点。
3. 使用模拟人实施徒手心肺复苏的操作步骤。

【培训技能点】

1. 生命体征的判断和及时呼救的方法。
2. 开放气道的各种方法。
3. 胸外心脏按压的方法。
4. 口对口人工呼吸的方法。
5. 成人单人徒手心肺复苏的操作方法。

一、徒手心肺复苏的基本操作

（一）生命体征的判断和及时呼救

生命体征的判断和及时呼救即立即识别和启动急救反应系统，包括判断伤患者有无意识和及时呼救。

1. 判断伤患者有无意识

如发现伤患者跌倒，急救者在确认现场安全的情况下轻拍伤患者的肩部，并

25

高声呼喊"喂！你怎么了?"或"你还好吗?"或直接呼喊伤患者的名字，看伤患者有无反应。如果没有任何反应，说明该伤患者意识丧失，如图 2-2 所示。无反应时，立即用手指甲掐压人中穴（见图 2-3）、合谷穴（见图 2-4）约 5s。

注意：

（1）判断伤患者意识时间应在 10s 以内完成。

（2）伤患者如出现眼球活动、四肢活动及疼痛感后，应即停止掐压穴位。

（3）拍打肩部不可用力太重，以防加重可能存在的骨折等损伤。

2．及时呼救

一旦确定伤患者意识丧失，应立即向周围人员大声呼救"来人啊！救命啊！"如图 2-5 所示。一边派人拨打"120"急救电话，一边进行紧急施救，或边拨打电话边紧急施救。

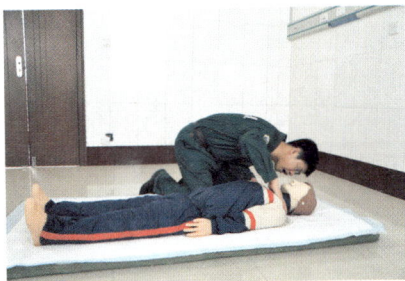

图 2-2　判断患者意识

图 2-3　人中穴

图 2-4　合谷穴

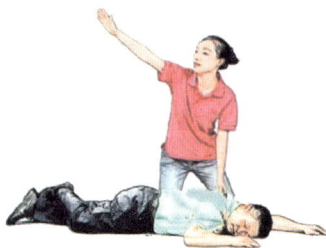

图 2-5　及时呼救

注意：

（1）一定要呼叫其他人来帮忙，因为一个人做心肺复苏术不可能坚持较长时间，而且劳累后动作易走样。

（2）打呼救电话应说明出事的具体地点，出事原因，伤患者人数和伤情，施救者的真实姓名及联系方式等。

（二）开放气道

当伤患者在遭受意外伤害时，会发生气道阻塞现象。保持呼吸道通畅至关重要，是一切救治的基础。伤患者鼻咽腔和气管可能被大块食物、假牙、血块、泥土、呕吐物等异物堵塞，或被痰液堵塞，或昏迷后舌后坠堵塞等，均可造成呼吸道完全或部分阻塞，以致窒息，应立即根据现场情况，选择不同的方法进行通气，恢复或保持呼吸道的畅通。

1．清理呼吸道异物

清理呼吸道异物的方法主要有以下几种：

（1）手指清除法。先将伤患者的头转向施救者一侧，施救者用手清除口腔中的固体异物或液体分泌物。清除时，施救者用食指中指并拢，从伤患者的上口角伸向后磨牙，在后磨牙的间隙伸到舌根部，沿舌的方向往外清理，使分泌物从下口角流出，如图2-6所示。操作时切记手指不要从正中间插入，以免将异物推向更深处。清掏异物时注意要将头部侧转90°，以免异物再次注入气道，严禁头呈仰起状清理异物。

（2）击背法。使伤者上半身前倾或半卧位，施救者一手支持其胸骨前，用另一手掌猛击其背部两肩胛骨之间，促使咳嗽将上呼吸道的堵塞物咯出，如图2-7所示。

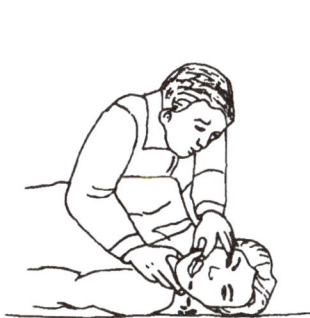

图2-6 手指清除法

图2-7 击背法

（3）腹部冲击法。腹部冲击法属于海式手法，是海姆立克急救法的简称，广泛用于异物堵塞呼吸道导致的呼吸停止。其原理是利用冲击伤者上腹部和膈肌下软组织产生的压力，压迫两肺部下方，使肺部残留的气体形成一股强大的气流，把堵塞在气管或咽喉的异物冲击出来。具体方法如下：

1）自救腹部冲击法。此法适用于伤者处于气道阻塞，神志清醒，具有自救技能，且现场无人帮助的场合。具体操作方法是：一手握成空拳，拳眼放在肚脐上两横指处；另一只手包住空心拳，两手同时快速向上向内冲击上腹部，重复以上手法直到异物排出，如图2-8（a）所示。或稍稍弯下腰去，靠在一固定的水平物体（如椅子靠背）上，以物体边缘压迫上腹部，快速向上冲击，重复以上方法直到异物排出，如图2-8（b）所示。

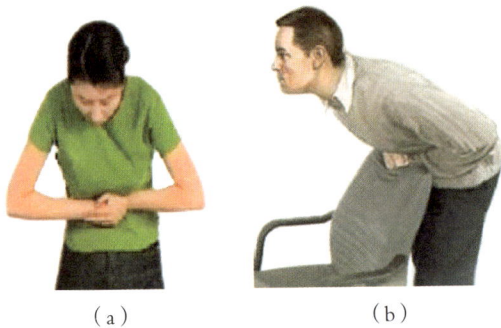

（a）   （b）

图2-8　自救腹部冲击法

（a）自救腹部冲击法（1）；（b）自救腹部冲击法（2）

2）立位腹部冲击法。此法适用于尚清醒的伤者。具体操作方法是：施救者站在伤者背后，用两手臂环绕伤者的腰部，用前述"自救腹部冲击法"的握拳方法快速向上向内冲击伤者的上腹部。重复以上手法直到异物排出，如图2-9所示。或施救者站在伤者背后，用双手臂环抱伤者上腹部，将伤者提起，使其上半身垂俯，用力压腹，促使上呼吸道堵塞物吐出、咯出。

3）仰卧式腹部冲击法。此法适用于昏迷伤者。具体操作方法是：将伤者仰卧在地，施救者一掌根放在伤者肚脐上方两横指处，但不能接触心窝；另一只手放在第一只手背上，双手重叠，快速向上向内冲击伤者的上腹部。重复以上手法直到异物排出，如图2-10所示。检查伤者口腔有无异物排出并用食指从嘴角抠出；同时，检查伤者呼吸心跳，呼吸心跳停止则立即实施徒手心肺复苏。

4）儿童腹部冲击法。如果伤者是3岁以下的孩子，施救者应马上把孩子抱起来，一只手捏住孩子颧骨两侧，手臂贴着孩子的前胸，另一只手托住孩子后颈部，让其脸朝下，趴在施救者膝盖上。然后，在孩子背上拍1～5次，并观察孩子是否将异物吐出，如图2-11（a）所示。

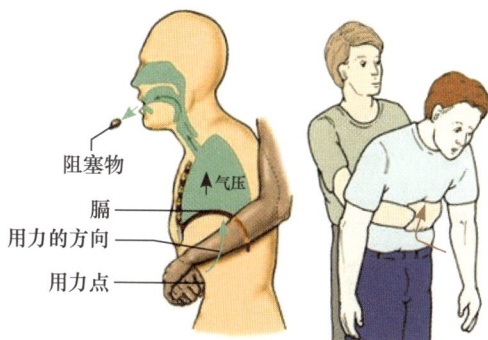

图 2-9　立位腹部冲击法

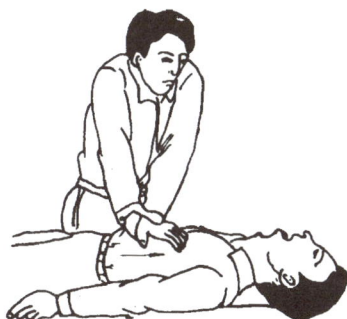

图 2-10　仰卧式腹部冲击法

如果通过上述操作异物没出来，可以采取另外一个姿势，把孩子翻过来，躺在坚硬的地面或床板上，施救者跪下或立于其足侧，或取坐位，并使患儿骑在施救者的大腿上，面朝前，如图 2-11（b）所示。施救者以两手的中指或食指，放在患儿胸廓下和脐上的腹部，快速向上冲击压迫，但要很轻柔。重复，直至异物排出。

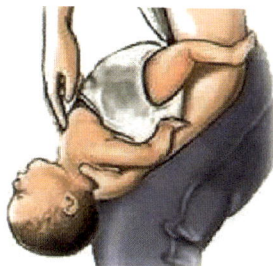

（a）　　　　　　　　　　　　　　（b）

图 2-11　儿童腹部冲击法

（a）儿童腹部冲击法（1）；（b）儿童腹部冲击法（2）

对于极度肥胖及怀孕后期发生呼吸道异物堵塞者，应当采用胸部冲击法，姿势不变，只是将左手的虎口贴在患者胸骨下端即可。注意不要偏离胸骨，以免造成肋骨骨折。

2. 开放气道

（1）开放气道的方法。当发现伤患者呼吸微弱或停止时，应立即通畅伤患者的气道以促进伤患者呼吸或便于抢救。开放气道的方法主要有以下几种：

1）仰头提颏法。施救者用左手小鱼际置于伤患者额部并下压，右手的食指与中指置于下颌骨近下颏或下颌角处，抬起下颏（颌），使头后仰，畅通气道，如图

2-12 所示。

2）仰头托颌法。施救者在伤患者头部，双手分别放在伤患者两下颌角处，向上托起下颌，使头后仰，两拇指放在嘴角两侧，向前推动下唇，让闭合的嘴打开，畅通气道，如图 2-13 所示。

图 2-12　仰头提颏法开放气道　　　　图 2-13　仰头托颌法开放气道

3）仰头抬颈法。施救者用左手小鱼际置于额部并下压，右手放在伤患者颈部下面，上抬颈部，使口角和耳垂的连线和地面垂直，畅通气道，如图 2-14 所示。

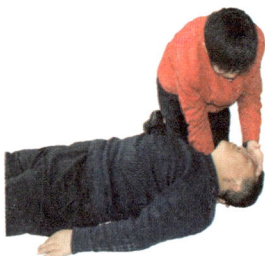

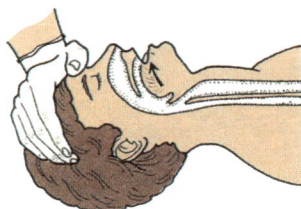

图 2-14　仰头抬颈法开放气道

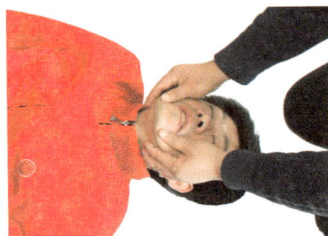

4）垫肩法。施救者将枕头或同类物置于仰卧伤患者的双肩下，利用重力作用使伤患者头部自然后仰（头部与躯干的交角应小于 120°），从而拉直下附的舌咽部肌肉，使呼吸道通畅，如图 2-15 所示。但颈椎损伤者禁用此法。垫肩法是现场复苏中开放呼吸道最简单易学的一种手法，操作简便。

5）稳定侧卧法。当伤患者多，救护者缺乏，伤患者昏迷而有呼吸者可用此法。伤患者靠近抢救者一侧腿弯曲，如图 2-16（a）所示；伤患者同侧手臂置于臀部下方，如图 2-16（b）所示；抢救者轻柔缓慢将伤患者转向抢救者，

图 2-15　垫肩法开放气道

如图 2-16（c）所示；伤患者位于上方的手置于脸颊下方、下方手臂置于背后，如图 2-16（d）所示。

（a）　　　　　　　　　　　　　　（b）

（c）　　　　　　　　　　　　　　（d）

图 2-16　稳定侧卧法开放气道

（a）靠近抢救者一侧腿弯曲；（b）同侧手臂置于臀部下方；（c）轻柔缓慢将患者转向抢救者；（d）上手置于脸颊下方、下手臂置于背后

6）环甲膜穿刺法。呼吸道梗阻用其他方法不能缓解时，环甲膜穿刺法是开放气道的急救措施。环甲膜位于甲状软骨和环状软骨之间，前无坚硬遮挡组织（仅有柔软的甲状腺通过），后通气管，它仅为一层薄膜，周围无要害部位，因此利于穿刺。如果自己寻找，可以低头，然后沿喉结最突出处向下轻轻地摸，在 2～3cm 处有一如黄豆大小的凹陷，此处即为环甲膜位置所在。操作时，伤者呈仰卧位，头后仰，局部消毒后，施救者用食指和拇指固定环状软骨两侧，以一粗注射针垂直刺入环甲膜。由于环甲膜后为中空的气管，因此刺穿后有落空感，施救者会觉得阻力突然消失。接着回抽，如有空气抽出，则穿刺成功，如图 2-17 所示。穿刺后，伤者可有咳嗽等刺激症状，随即呼吸道梗阻的症状缓解。

（2）开放气道注意事项。开放气道时，应注意以下几点：

1）严禁用枕头等物垫在伤患者头下。

2）有活动的假牙应取出。

3）手指不要压迫伤患者颈前部、颏下软组织，以防压迫气道，不要压迫伤患者的颈部。

4）颈部上抬时不要过度伸展，避免颈椎损伤。

5）儿童颈部易弯曲，过度抬颈反而使气道闭塞，故不要抬颈牵拉过甚。成人头部后仰程度为 90°，儿童头部后仰程度应为 60°，婴儿

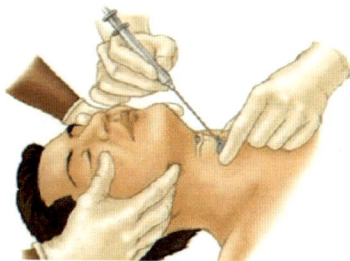

图 2-17　环甲膜穿刺法开放气道

头部后仰程度应为30°。

3. 判断呼吸与脉搏

（1）判断伤患者有无呼吸。在通畅呼吸道之后，由于气道通畅可以明确判断呼吸是否存在。维持开放气道位置，用耳贴近伤患者口鼻，头部侧向伤患者胸部，眼睛观察其胸有无起伏；面部感觉伤患者呼吸道有无气体排出；或耳听呼吸道有无气流通过的声音，如图2-18所示。

注意：①保持气道开放位置；②观察5s左右；③有呼吸者，注意保持气道通畅；④无呼吸者，立即进行口对口人工呼吸；⑤通畅呼吸道，部分伤患者因口腔、鼻腔内异物（分泌物、血液、污泥等）导致气道阻塞时，应将伤患者身体侧向一侧，迅速将异物用手指抠出；⑥气道不通畅而产生窒息，以致心跳减慢，呼吸道畅通后，随着气流冲出，呼吸恢复，而致心跳亦恢复。

（2）判断伤患者有无脉搏。在检查伤患者的意识、呼吸、气道正常之后，应对伤患者的脉搏进行检查，以判断伤患者的心脏跳动情况。具体方法如下：

1）在开放气道的位置下进行（首次人工呼吸后）。

2）一手置于伤患者前额，使头部保持后仰，另一手在靠近抢救者一侧触摸颈动脉。

3）用食指及中指指尖先触及气管正中部位，男性可先触及喉结，然后向两侧滑移2~3cm，在气管旁软组织处轻轻触摸颈动脉搏动，如图2-19所示。

注意：①触摸颈动脉不能用力过大，以免推移颈动脉，妨碍触及；②不要同时触摸两侧颈动脉，造成头部供血中断；③不要压迫气管，造成呼吸道阻塞；④检查时间不要超过10s；⑤若未触及搏动，说明心跳已停止，或触摸位置有错误；⑥如无意识、无呼吸、瞳孔散大、面色紫绀或苍白、触不到脉搏，可以判定心跳已经停止；⑦婴、幼儿因颈部肥胖，颈动脉不易触及，可检查肱动脉（肱动脉位于上臂内侧腋窝和肘关节之间的中点，用食指和中指轻压在内侧，即可感觉到脉搏）。

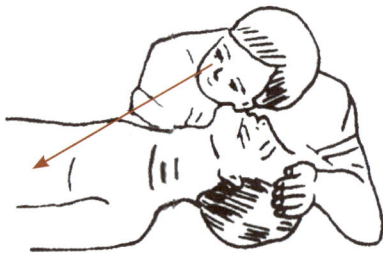

图2-18 判断患者呼吸　　图2-19 判断患者颈动脉搏动

（三）胸外心脏按压

胸外心脏按压（也称体外心脏按压，简称胸外按压）是人工建立的循环方法之一，另一种是开胸直接压迫心脏（胸内按压）。在现场急救中，采用的是胸外按压，应牢记掌握。

1. 按压体位

（1）按压时伤患者的体位。正确的抢救体位是仰卧位。伤患者头、颈、躯干平卧无扭曲，双手放于两侧躯干旁，如图 2-20 所示。将伤患者仰卧于平坦坚实的地方，头颈与躯干保持一条线，头部不能高于心脏的水平线，双上肢置于躯干两侧。当伤患者卧于软床上时，为防止心脏按压时所施压力被软床的弹性部分所抵消，应在伤患者背部垫一块硬板（如木板、塑料板等）。摆正伤患者的体位时应注意以下几点：

1）如伤患者摔倒时面部向下，应在呼救同时小心将其转动，使伤患者全身各部成一个整体。尤其要注意保护颈部，可以一手托住颈部，另一手扶着肩部，使伤患者头、颈、胸平稳地直线转至仰卧，在坚实的平面上，四肢平放。

2）抢救者跪于伤患者肩颈侧旁，将其手臂举过头，拉直双腿，注意保护颈部。

3）抢救时需要解开伤患者上衣，暴露胸部（或仅留内衣），冷天要注意使其保暖。

（2）现场施救者的体位。如图 2-20 所示，现场施救者站立或跪于伤患者一侧（一般选择在伤患者的右侧），把伤患者同侧上肢外展 90° 以上。施救者跪姿时，左膝跪在伤患者腋窝处，防止压伤患者肢体。

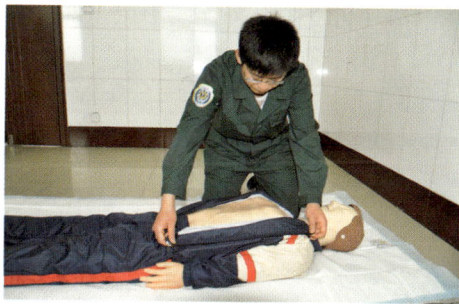

图 2-20　现场施救者与患者的体位

2. 按压位置及体表定位方法

（1）按压位置。按压位置正确与否，是保证胸外心脏按压实施效果的主要前提，也是防止胸肋骨骨折和各种按压并发症的基础。成人和儿童（1 ~ 14 岁）的按压位置为胸骨中、下 1/3 段交界处，如图 2-21 所示。婴儿（1 岁以下）按压位置为两乳头连线的中点略偏下一点。

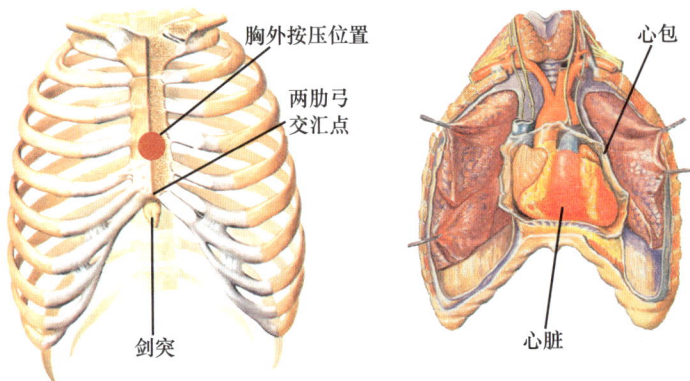

图 2-21　胸外心脏按压的体表部位与心脏解剖位置

（2）体表定位方法。施救者一只手的无名指沿一侧肋骨最下缘，向中线滑动至两侧肋弓交汇点（胸骨下窝，俗称心口窝），无名指定位于下切际，如图 2-22（a）所示；食指与中指并拢、伸直，紧贴无名指上方（即两横指），食指上方的胸骨正中间部位即按压部位；另一只手掌根部拇指边缘紧贴第一只手的食指边沿并排平放于胸骨，使手掌根部横轴与胸骨长轴重合，如图 2-22（b）所示。

成年男性两乳头连线中点（即胸骨部）即为按压位置。

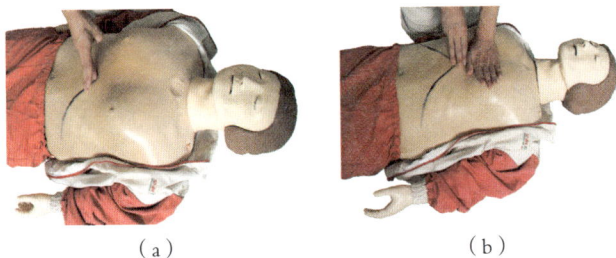

（a）　　　　　　　　　　　（b）

图 2-22　按压体表定位的方法

（a）右手动作；（b）左手动作

3. 按压手法

（1）成人。定位之手从切迹移开，叠放在另一手的手背上，双手掌根重叠，十指相扣，紧贴胸壁的手指伸直并向上翘起，掌根接触胸壁，如图 2-23 所示。

（2）儿童。1～14 岁儿童，根据体型选用单手或双手，双手按压手法同成人，单手按压手法如图 2-24 所示。

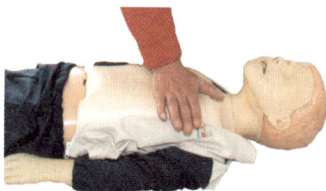

图 2-23　成人胸外心脏按压的手法　　图 2-24　儿童单手胸外心脏按压的手法

（3）婴儿。1 岁以下婴儿，单手操作用两个手指按压；双手操作用两个拇指按压并挤压胸廓。

4. 按压姿势

如图 2-25 所示，施救者双臂伸直与地面垂直，利用上半身重量与腰背肌力量，以髋关节为支点将伤患者胸骨垂直向下用力按压。按压要平稳，有规律地进行，中间不能间断；下压与放松的时间应相等；在按压间隙，施救者双手应稍离开伤患者胸壁，以免妨碍伤患者胸壁回弹。

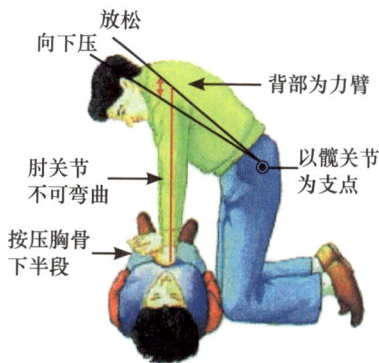

图 2-25　胸外心脏按压姿势

5. 按压要求

（1）按压的速率。成人、儿童、婴幼儿均为 100～120 次/min。

（2）按压的深度。成人和青少年按压深度为 5～6cm；1 岁至青春期儿童按压深度至少为胸部前后径的 1/3，大约为 5cm；不足 1 岁婴幼儿（新生儿除外）按压深度至少为胸部前后径的 1/3，大约为 4cm。

（3）按压次数与人工呼吸次数的比例。成人及婴幼儿均为 30：2。

（4）按压有效的标志：①能触摸到颈动脉搏动；②伤患者面部皮肤颜色由苍白或紫绀变得红；③散大的瞳孔缩小。

6. 按压常见的错误

（1）按压定位不准确。按压位置过高［见图 2-26（a）］会使按压失效；按压位置过低容易使剑突受压、折断而致肝脏破裂；向两侧按压容易造成肋骨或肋软骨骨折，导致气胸、血胸。

（2）按压手法不正确。按压时双手掌根未重叠放置、未十指相扣［见图 2-26（b）］，而是交叉放置或平行放置，这样容易造成按压放松时施救者的手离开了伤

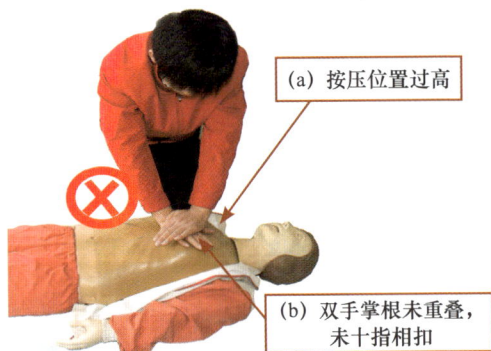

(a) 按压位置过高

(b) 双手掌根未重叠，未十指相扣

图 2-26 胸外按压常见错误（1）

患者的胸部，再次按压时形成冲击式按压，可能造成伤患者胸部创伤，同时再次按压时按压部位容易移位；按压时，除掌根部贴在胸骨外，手指未翘起，压在胸壁上，这样容易引起骨折。

（3）按压姿势不正确。按压用力方向不是垂直向下［见图 2-27（a）］，致使一部分按压力量丢失，导致按压无效或肋软骨骨折，特别是摇摆式按压，更容易出现严重并发症，且容易造成胸外心脏按压无效；按压时肘部弯曲［见图 2-27（b）］，因而用力不够，导致按压深度不足；按压放松时，未能使胸部充分松弛，胸部仍承受压力使血液回到心脏受阻；按压放松时抬手离开胸骨定位点，造成下次按压部位错误，引起骨折。

（4）按压用力过大或过小，造成按压深度过深或过浅。按压过深易造成肋骨骨折，过浅则起不到按压效果。

（5）按压速度不自主的加快或减慢，影响按压效果。

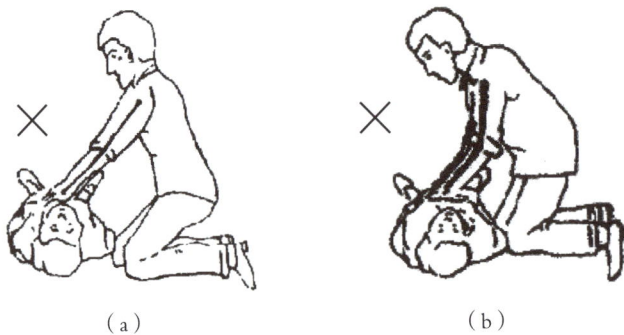

（a）　　　　　　　　　　（b）

图 2-27 胸外按压常见错误（2）

（a）按压用力不垂直向下；（b）手臂弯曲

7. 按压并发症

（1）肋骨骨折，胸骨骨折，胸骨肋骨分离。

（2）气胸，血胸，肺挫伤。

（3）胃部内容物返流，肝、脾损伤，脂肪栓塞。

8．按压禁忌症

（1）胸部严重挤压伤或多发性肋骨骨折。

（2）大面积肺栓塞。

（3）张力性气胸。

（四）人工呼吸

1．人工呼吸的原理

呼吸是维持生命的重要功能。如果停止呼吸，人体内就会失去氧的供应，体内的二氧化碳也排不出去，很快就会导致死亡。人的脑细胞对缺氧特别敏感，缺氧 4 ~ 6min 就会造成脑细胞损伤；缺氧超过 10min，脑组织就会发生不可逆的损伤。因此，呼吸停止后，应首先给伤患者吹两口气，以扩张肺组织，利于气体交换。正常人吸入的空气的含氧量为 21%，二氧化碳为 0.04%。肺吸收 20% 氧气，其余 80% 氧气按原路呼出，因此正常给伤患者吹气时，只要吹出的气量较多，则进入伤患者的氧气量可达 16%，基本上是够用的。

2．人工呼吸的方法

人工呼吸一般采用口对口和口对鼻呼吸法，即捏住伤患者的鼻子向伤患者的口腔内吹气或闭拢伤患者的口唇向伤患者的鼻孔内吹气。一般首选口对口人工呼吸，当无法做口对口人工呼吸时，就做口对鼻人工呼吸。

（1）口对口人工呼吸。口对口人工呼吸的步骤为：①头部后仰，如图 2-28（a）所示，让伤患者头部尽量后仰、鼻孔朝天，以保持呼吸道畅通，避免舌下坠导致呼吸道梗阻；②捏鼻掰嘴，如图 2-28（b）所示，施救者跪在伤患者头部的侧面，用放在前额上的手指捏紧其鼻孔，以防止气体从伤患者鼻孔逸出，另一只手的拇指和食指将其下颌拉向前下方，使嘴巴张开，准备接受吹气；③贴嘴吹气，如图 2-28（c）所示，施救者深吸一口气屏住，用自己的嘴唇包裹伤患者的嘴，在不漏气的情况下，连续做两次大口吹气，每次吹气时间大于 1s，同时观察伤患者胸部起伏情况，以胸部有明显起伏为宜，如无起伏，说明气未吹进；④放松换气，如图 2-28（d）所示，吹完气后，施救者的口立即离开伤患者的口，头稍抬起，耳朵轻轻滑过鼻孔，捏鼻子的手立即放松，让伤患者自动呼气。观察伤患者胸部向下恢复时，则有气流从伤患者口腔排出。

若只做人工呼吸，每隔 5s 吹一次气，依次不断，一直到呼吸恢复正常。每分钟吹 12 ~ 16 口气，最多不得超过 16 口气。

（2）口对鼻人工呼吸。当伤患者牙关紧闭不能张口，或者口腔严重外伤，以及各种原因造成难以达到施救者与伤患者的口唇密闭进行口对口吹气的情况时，

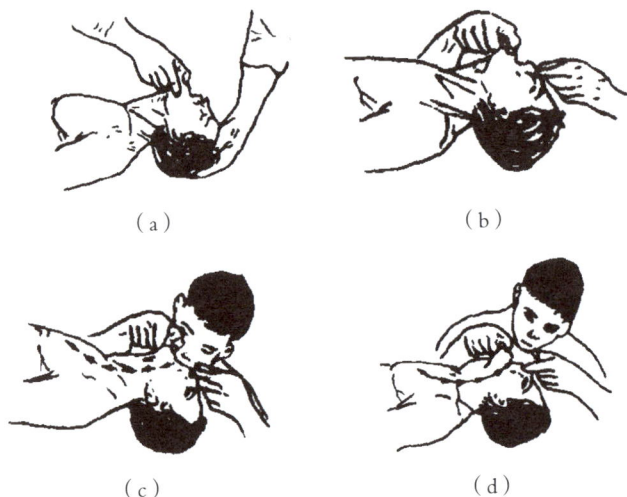

（a）　　　　　　　　　　　　（b）

（c）　　　　　　　　　　　　（d）

图 2-28　口对口人工呼吸

（a）头部后仰；（b）捏鼻掰嘴；（c）贴嘴吹气；（d）放松换气

用口对鼻人工呼吸的方式进行通气。其操作方法是：施救者一手置于伤患者额上并稍微施压使其头部后仰，另一手抬举伤患者的下颌，同时封闭伤患者的口唇，施救者深吸一口气将口唇包住伤患者的鼻子，用力并徐缓向其鼻腔吹气，吹气动作完成离开鼻腔，让其被动呼气。要注意的是，必要时分开伤患者口唇从而打开口腔，利于伤患者呼气通畅。

3．人工呼吸的注意事项

（1）呼吸停止或呼吸微弱时，则要求迅速进行人工呼吸。即便是施救者没有把握确认伤患者的呼吸是否停止，也应该进行人工呼吸。

（2）各种类型的人工呼吸实际上均是经口或鼻人工向肺内吹气，这就要求每一次都能将气体吹入伤患者肺内，从而使肺能充分膨胀。但每次吹气量不要过大，约 600mL，大于 1200mL 会因通气量过大导致急性胃扩张。儿童伤患者需视年龄不同而异，其吹气量约为 500mL，以胸廓能上抬时为宜。

（3）任何一种形式的人工呼吸的实施，都应保证所提供的吹入气进入伤患者肺内，这就要求施救者的口或面罩完全包裹伤患者的口、鼻或气管瘘口，以制造密闭的空间不漏气。

（4）吹气时不要按压胸部。

（5）抢救一开始的首次连续吹气两次，每次大于 1s；有脉搏无呼吸的伤患者，则每 6s 吹一口气，每分钟吹气 8～10 次。

（6）因婴幼儿韧带、肌肉松弛，故头不可过度后仰，以免气管受压，影响气道通畅。可用一手托颈，以保持气道平直。另外，婴幼儿口鼻开口均较小，位置又很靠近，抢救者可用口贴住婴幼儿口与鼻的开口处，施行口对口鼻呼吸。

二、徒手心肺复苏操作流程

徒手心肺复苏操作分单人和双人操作。单人心肺复苏是指一个人单独完成心脏按压和人工呼吸等急救过程。双人心肺复苏是指两人同时进行心肺复苏，即一人进行心脏按压，一人进行人工呼吸。

（一）成人单人徒手心肺复苏操作流程

1. 确认现场环境安全

救援环境应该是安全的。周围无高空坠物，人身触电、交通事故等危及操作者和伤患者安全的危险源。

2. 迅速判断意识

呼唤双耳、轻拍双肩，问"喂！你怎么了？"伤患者无反应，确认伤患者意识丧失。

3. 呼叫救援

发现伤患者无反应后立即请求周围人援助，高声呼救："快来人啊，有人晕倒了！"或"来人啊，救命啊！"或"准备抢救仪！除颤仪！"，接着拨打"120"急救电话。

4. 判断颈动脉搏动及呼吸

操作者食指和中指指尖触及伤患者气管正中环状软骨位置（相当于喉结的部位），向侧方滑动至近侧胸锁乳突肌前缘凹陷处，默念 1001、1002、1003、1004、1005……，判断有无颈动脉搏动，同时通过看、听和感觉来判断伤患者有无呼吸，判断时间为 5～10s。若伤患者无意识、无呼吸、无循环体征，立即进行心肺复苏。

5. 摆放体位

检查伤患者体位是否正常，摆正伤患者体位，将伤患者置于仰卧位，并放在地上或硬板上。松解伤患者衣领和裤腰带。

6. 胸外心脏按压

在两乳头连线的中点（胸骨中下 1/3 处），用左手掌紧贴伤患者的胸部，两手重叠，左手五指翘起，双臂伸直，用上身的力量，以 100～120 次/min 的频率进行胸外心脏按压 30 次，按压深度 5~6cm，每次按压后胸廓完全弹回，保证按压与抬起时间基本相等。

7. 开放气道

将伤患者头偏向施救者一侧，观察并清除口、鼻腔异物及假牙，以压额提颏法（也称仰头抬颏法）开放气道。如伤患者有颈椎损伤可能，可用托颌法开放气道。

8. 人工呼吸

如无呼吸，立即口对口吹气两口。如有脉搏，表明心脏尚未停跳，可仅做人工呼吸，频率为 10~12 次 /min、每次吹气量为 500~600mL。如无脉搏，立即在正确定位下在胸外按压位置区叩击 1~2 次。叩击后再次判断有无脉搏，如有脉搏即表明心跳已经恢复，可仅做人工呼吸即可。如无脉搏，立即在正确的位置进行胸外按压，不能耽误时间。

2min 内按照心脏按压次数：人工呼吸次数 =30：2 的比例进行 5 个循环，完成一个按压周期。以心脏按压开始，吹气结束。

9. 判断复苏是否有效

听伤患者是否有呼吸声音，同时触摸是否有颈动脉搏动。检查、判断在 10s 内完成。

10. 结束工作

整理伤患者，洗手记录。尽早除颤，进一步进行高级生命支持。

成人单人徒手心肺复苏抢救伤患者的抢救程序和步骤归纳如图 2-29 所示。

（二）双人心肺复苏操作要求

（1）两人必须协调配合，吹气应在胸外按压的松弛时间内完成。

（2）按压频率为 100~120 次 / min。

（3）按压与呼吸比例为 30：2，即 30 次心脏按压后，进行 2 次人工呼吸。

（4）为达到配合默契，可由按压者数口诀 01、02、03、04、……、29，吹，当吹气者听到"29"时，做好准备，听到"吹"后，即向伤患者嘴里吹气，按压者继而重数口诀 01、02、03、04、……、29，吹，如此周而复始循环进行。

（5）人工呼吸者除需通畅伤患者呼吸道、吹气外，还应经常触摸其颈动脉和观察瞳孔等。如图 2-30 所示。

```
┌──────────────┐
│  发现伤患者  │
└──────┬───────┘
       ↓
┌──────────────────┐
│  确认现场环境安全  │
└──────┬───────────┘
       ↓
┌──────────────────────────────┐
│ 迅速判断意识（呼唤双耳、轻拍双肩）│
└──────┬───────────────────────┘
    无意识
       ↓
┌──────────────────────┐
│  呼叫救援（拨打 120）  │
└──────┬───────────────┘
       ↓
┌────────────────────────┐
│  判断颈动脉搏动及呼吸   │
└──────┬─────────────────┘
       ↓
┌──────────────┐
│   摆放体位   │
└──────┬───────┘
```

| 无脉搏有呼吸 | 有脉搏无呼吸 | 无脉搏无呼吸 |

```
┌──────────────────┐                    ┌──────────────────┐
│  心前区叩击 1~2 次 │                    │  心前区叩击 1~2 次 │
└──────┬───────────┘                    └──────┬───────────┘
       ↓                                       ↓
┌──────────────────┐                    ┌──────────────────┐
│  判断颈动脉搏动   │                    │  判断颈动脉搏动   │
└──────────────────┘                    └──────┬───────────┘
                                               ↓
                                        ┌──────────────────────┐
                                        │ 清理口腔异物，开放气道 │
                                        └──────┬───────────────┘
                                               ↓
                                        ┌──────────────┐
                                        │  完成 2 次吹气 │
                                        └──────────────┘
```

有脉搏　　　　　　　　　　　有脉搏

无脉搏　　　　　　　　　　　　　　　　　　　　　无脉搏

| 胸外按压
100～120 次 /min | 保持气道畅通
人工呼吸 12 次 /min | 胸外按压与人工呼吸交替进行
每做 30 次按压做 2 次人工呼吸 |

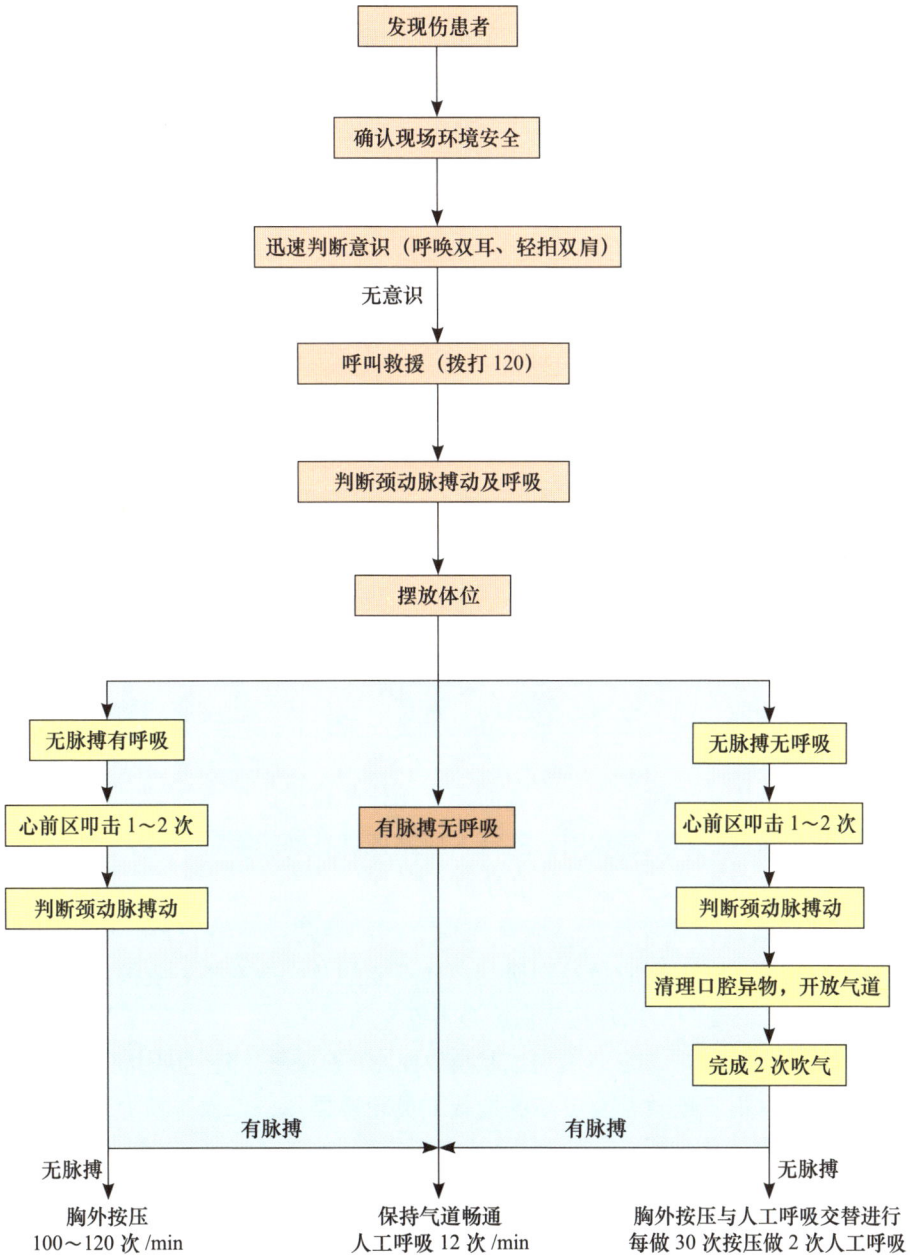

图 2-29　现场心肺复苏的抢救程序

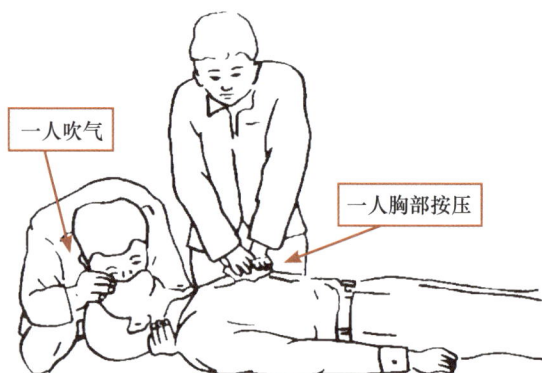

一人吹气

一人胸部按压

图 2-30 双人心肺复苏

三、心肺复苏时注意事项

（1）心搏骤停的诊断一旦确诊，应立即抢救，切忌等待心电和心脏听诊检查结果后再实施操作。

（2）吹气不能在向下按压心脏的同时进行。数口诀的速度应均衡，避免快慢不一。

（3）施救者应站或跪在伤患者侧面便于操作的位置，单人急救时应站或跪在伤患者的肩部位置；双人急救时，吹气人应站或跪在伤患者的头部，按压心脏者应站或跪在伤患者胸部、与吹气者相对的一侧。

（4）第二抢救者到现场后，应首先检查颈动脉搏动，然后再开始做人工呼吸。如心脏按压有效，则应触及到搏动，如不能触及，应观察心脏按压者的技术操作是否正确，必要时应增加按压深度及重新定位。

（5）人工呼吸者与心脏按压者可以互换位置，互换操作，但中断时间不超过 5s。

（6）可以由第三抢救者及更多的抢救人员轮换操作，以保持精力充沛、姿势正确。

（7）在有条件的情况下，首先使用电击除颤 / 复律，无电击除颤 / 复律条件的抢救操作顺序依据现场情况灵活掌握。

四、心肺复苏的有效指标、转移和终止

1. 心肺复苏的有效指标

心肺复苏术操作是否正确，主要靠平时严格训练，掌握正确的方法。而在急救中判断复苏是否有效，可以根据以下五方面综合考虑：

（1）瞳孔。心肺复苏有效时，可见伤患者瞳孔由大变小。如瞳孔由小变大、固定、角膜混浊，则说明心肺复苏无效。

（2）面色（口唇）。心肺复苏有效，可见伤患者面色由紫绀转为红润。如若变为灰白，则说明心肺复苏无效。

（3）颈动脉搏动。按压有效时，每一次按压可以摸到一次搏动。如若停止按压，搏动亦消失，应继续进行心脏按压；如若停止按压后，脉搏仍然跳动，则说明伤患者心跳已恢复。

（4）神志。心肺复苏有效，可见伤患者有眼球活动，睫毛反射与对光反射出现，甚至手脚开始抽动，肌张力增加。

（5）出现自主呼吸。伤患者自主呼吸出现，并不意味可以停止人工呼吸。如果自主呼吸微弱，仍应坚持口对口呼吸。

2. 伤患者的转移

在现场抢救时，必须争分夺秒抢时间，切勿为了方便或让伤患者舒服去移动伤患者，从而延误现场抢救的时间。

现场心肺复苏应坚持不断地进行，抢救者不应频繁更换，即使送往医院途中也应继续进行。鼻导管给氧绝不能代替心肺复苏术。如需将伤患者由现场移往室内，中断操作时间不得超过 7s；通道狭窄、上下楼层、送上救护车等的操作中断不得超过 30s。

将心跳、呼吸恢复的伤患者用救护车送医院时，应在伤患者背部放一块长、宽适当的硬板，以备随时进行心肺复苏。将伤患者送到医院而专业人员尚未接手前，仍应继续进行心肺复苏。

3. 心肺复苏终止的条件

何时终止心肺复苏是一个涉及到医疗、社会、道德等方面的问题。不论在什么情况下，终止心肺复苏，决定于医生，或由医生组成的抢救组的首席医生。否

则不得放弃抢救。高压或超高压电击的伤患者心跳、呼吸停止，往往是电"假死"现象，更不应随意放弃抢救。现场施救人员停止心肺复苏的条件有以下4条：

（1）威胁人员安全的现场危险迫在眼前。

（2）伤患者呼吸和循环已有效恢复。

（3）由医师或其他人员接手并开始急救。

（4）医师已判断病人死亡。

复习思考题

1．如何判断患者有无意识？

2．如何及时呼救？

3．如何清理患者呼吸道？

4．如何开放患者气道？开放气道注意事项是什么？

5．如何判断患者有无呼吸？

6．如何判断患者有无脉搏？

7．人工呼吸的原理的原理是什么？人工呼吸的方法有哪些？人工呼吸时的注意事项有哪些？

8．胸外心脏按压者与患者的体位是怎么规定的？

9．胸外心脏按压时如何进行体表定位？

10．胸外心脏按压手法有何要求？

11．胸外心脏按压姿势有何要求？

12．胸外心脏按压的频率和深度是如何要求的？按压次数与人工呼吸次数的比例是多少？

13．胸外心脏按压有效的标志有哪些？

14．胸外心脏按压常见的错误有哪些？

15．胸外心脏按压并发症有哪些？

16．成人单人徒手心肺复苏操作流程有哪些？

17．双人心肺复苏操作要求是什么？

18．心肺复苏的有效指标有哪些？

19．心肺复苏终止的条件是什么？

课题三 除 颤

【培训目的】

1. 理解室性心动过速和心室颤动的概念及内涵。
2. 掌握除颤的目的。
3. 熟练掌握自动除颤器的操作步骤。

【培训知识点】

1. 室性心动过速和心室颤动的概念及内涵。
2. 除颤的目的。
3. 自动除颤器的特点。

【培训技能点】

自动除颤器的操作方法步骤。

一、室性心动过速和心室颤动

1. 室性心动过速

室性心动过速，简称室速，是指在心室存在异常电通路，当一个电信号进入到这样的通路时，可沿环路运行，心室随每一次环路运行收缩一次，导致快速心率。室速是较为严重的心律失常，死亡率较高，多见于器质性心脏病人。室速通常不能自行终止，有时室速甚至可以恶化为室颤和心跳骤停，导致死亡。

室性心动过速的表现为：快而略不规则的心律，心率多在 120 ~ 200 次 /min，轻者可无自觉症状或仅有心悸、胸闷、乏力、头晕、出汗；重者发绀、气促、晕厥、低血压、休克、急性心衰、心绞痛，甚至衍变为心室颤动而猝死。

2. 心室颤动

心室颤动，简称室颤，是指心室肌快而微弱的收缩或不协调的快速乱颤。其结果是心脏无排血，心音和脉搏消失，心、脑等器官和周围组织血液灌注停止，阿—斯综合症发作和猝死。室颤是导致心源性猝死的严重心律失常，也是临终前循环衰竭的心律改变。

二、除颤的目的

人正常的心脏是按 60～100 次/min 的心率有规律、有节奏地搏动的，经过这种搏动形成有规律的舒张和收缩，将带有氧的动脉血液送至全身。然而，当心脏的搏动出现问题，它跳动就会不规律，即心律失常。在医学上把低于 60 次/min 的心率称为心动过缓；把高于 100 次/min 的心率称为心动过速。但有一点要注意，人机体的高明之处在于，随着所处环境和情景的各种变化，机体会做出相应的调整以适应这种变化，如剧烈运动时心率可能很快，而在熟睡时心率可能很慢，即心动过缓或心动过速在特定的情景下并不一定代表是病态。打个比方，对于一个合唱团来说，如果合唱失去节奏，唱出来的就不再是合声，而是嘈杂的噪声。对心脏来说，如果失去了节奏，血液泵出就不再正常；如果这种心律失常得不到及时解决和纠正，心脏搏动就由最初的"骚乱"变为最后的"罢工"，即心脏骤停。心脏停止跳动的全身标志是意识丧失、脉搏消失，在心脏的胸部体表摸不到搏动也听不到心脏的跳动。心电图标志没有心电能引导出来，表示为一条直线。

在心脏停止跳动之前的一段时间里，病人往往表现为心脏室性心动过速和心室颤动。室性心动过速和室性颤动是两种在濒死前典型的心律失常，通常室性心动过速最终会变成心室颤动。室性心动过速时，心脏因为跳的太快而无法有效泵出足量血液；心室颤动时，心脏的电活动处于混乱的状态，不是心脏不跳而是跳动过快，心室无法有效泵出血液。当出现这两种心律失常时，心脏就会出现哆嗦、抖动，结果是步调不一致、方向不一致，内耗的结果是心脏虽有搏动但却无法有效的将血液送至全身。在医学上正确的处置方法是给予紧急电击矫正。在没有矫正的情形下，这两种心律失常会迅速因为血液供给中断而导致脑部损伤和死亡。

心脏性猝死是心血管疾病的主要死亡原因，占心血管病死亡总数的 50% 以上。由于心脏性猝死具有发病急、进展快、病情凶险，而且 80% 发生在医院外（其中 80% 发生在睡眠中），造成抢救困难，常常使伤患者（其中相当一部分是中青年伤患者）突然死亡，给家庭和社会造成重大损失，是严重威胁人民健康和生命的恶性疾病。自 1960 年人工呼吸、胸外按压对恢复心跳骤停伤患者循环建立有效以来，除颤治疗心室颤动是提高急救存活率最重大的进步之一。及时电除颤又是救治心脏骤停最重要的决定性因素。

发生心脏性猝死时最常见的原因是致命性的心率失常所致，而其中80%为心室颤动，若不能及时纠正，伤患者在发病数分钟后就可能死亡。这个时候，就需要外部的一个高级电流把所有的颤动打趴下，然后心脏重新开始有规律的跳动，这就是心脏除颤。而除颤的过程，必须在发病10min内完成，除颤越早，救活的可能性越大。

电除颤的时机是治疗心室颤动的关键，每延迟除颤时间1min，生存率将下降7%～10%。在心脏骤停发生1min内进行除颤，伤患者存活率可达90%，而5min后则下降到50%左右，第7min时约为30%，9～11min内约为10%，而超过12min则只有2%～5%。根据美国心脏协会《心肺复苏与心血管急救指南》要求，发生心脏骤停4min之内应先使用AED进行除颤；如果超过4min，应先进行心肺复苏术，这样的抢救效果最好。

三、自动除颤器

1. 自动除颤器概述

自动除颤器（automated external defibrillator，AED）即自动体外心脏除颤器或称自动体外电击器、自动电击器，俗称傻瓜电击器，如图2-31所示。它是一种便携式、易于操作、便于普及、稍加培训即可熟练使用、专为现场非急救人员设计的一种医疗设备。它的内部智能系统可以自动分析诊断特定的心律失常并通过给予心脏电击的方式（见图2-32），使心脏节律恢复至正常跳动，从而达到挽救病人生命的目的。

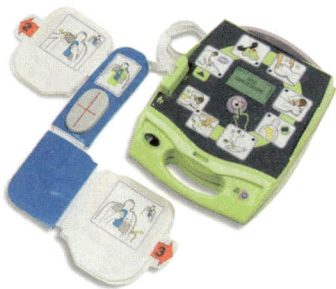

图2-31　自动除颤器详图

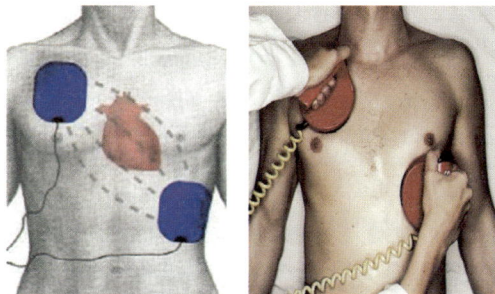

图2-32　自动除颤器的作用原理

自动除颤器在急救中发挥着不可替代的作用，是不可或缺的急救设备。

2. 自动除颤器的特点

（1）能识别（且只能识别）特定的心电图形，因为它被设计成只对室性心动过速和室颤进行自动识别的机器，从而可放心的交给没有医学基础的大众使用。除了以上所提的两种情形外，其他各式各样的心律不齐它都无法诊断，因而无法提供治疗。

（2）能以较小能量的电流双相除颤，从而使心脏受到的伤害最小。

（3）体积小巧，效果可靠，容易掌握操作方法，价格低廉。

（4）为了让它们显而易见，自动除颤器多以鲜红、鲜绿和鲜黄色来标示。且多由坚固的外厢加以保护。并设有警铃，但这警铃只在提醒工作人员机器被搬动，它并没有联络紧急救护体系的功能。

（5）典型的自动除颤器配置有脸罩，可使施救者隔着脸罩对病伤患者进行人工呼吸而无传染病或卫生的疑虑，大多会配置有橡胶手套、用来剪开病患胸前衣物的剪刀、用来擦拭伤患者汗水的毛巾及刮除胸毛的剔刀。

3. 自动除颤器的使用方法

与医院中正规电击器不同的是，自动除颤器只需要短期的培训即可学会使用。因机器本身会自动判读心电图然后决定是否需要电击。全自动的机型甚至只要求施救者去按下电击钮，在大部分的场合，施救者如果误按了电击钮机器并不会产生电击。有些机型并可使用在儿童身上（低于 25kg 或小于 8 岁），但一般必须选择儿童专用的电击贴片。

自动除颤器的操作共分四个步骤：

第一步：打开电源。按下电源开关或打开仪器的盖子，根据语音提示进行操作，如图 2-33（a）所示。

第二步：贴电极片。在伤患者胸部适当的位置紧密地贴上电极片。一般情况下，右侧电击片贴在右胸部上方锁骨下面，胸骨右侧处；左侧电击片贴在左乳头外侧，电击片上缘要距离左腋窝下约 7cm，如图 2-33（b）所示。

第三步：分析心律。将电极片插头插入主机插孔，按下"分析"键，机器开始自动分析心率并自动识别，如图 2-33（c）所示。在此过程中任何人不得接触伤患者，即使是轻微的触动都可能影响分析结果。5~15s 后，仪器分析完毕，通过语音或图形发出是否进行除颤的提示。

第四步：电击除颤。当仪器发出除颤指令后，在确定无任何人接触伤患者的情况下，操作者按下"放电"或"电击"键进行除颤，如图 2-33（d）所示。

一次除颤结束后，机器会再次分析心率，如未恢复有效心率，需进行 5 个周期 CPR，然后再次分析心率，除颤，CPR，反复进行直至专业急救人员到达。

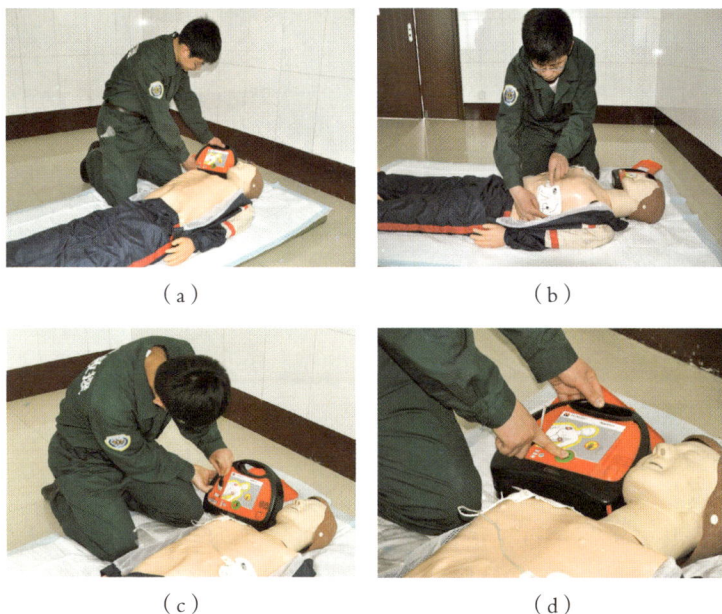

图 2-33　自动除颤器的操作步骤

（a）打开电源；（b）贴电极片；（c）分析心律；（d）电击除颤

4. 自动除颤器的使用禁忌

（1）普通的自动除颤器不能用于 8 岁以下儿童或体重小于 25kg 者。

（2）避免接触水源。若胸部潮湿，须先擦干再使用自动除颤器。

（3）若胸部有药物贴片或胸部内装有心律调节器或电击器，则自动除颤器的电极片须贴在远离上述器具至少 2.5cm 处。

（4）分析心律时，不可晃动病人。若在行驶的救护车上自动除颤器无法分析心律，须先将救护车停稳再使用。

5. 自动除颤器的普及

自动除颤器在欧美已经盛行十多年，技术及市场发展相当成熟，而美国早在克林顿总统时代，即以法案推动政府机关安装自动除颤器，布什执政时也持续推动美国各州投入经费安装自动除颤器，并训练人员操作。最初自动除颤器主要由医护人员、军方或紧急援救（如消防员、警察）使用，后来技术的进步使仪器操作更加简单，使得公共场所的民众皆能使用。除此之外，美国的《善良撒马利亚人法案（Good Samaritan Law）》提供了为抢救伤伤患者的志愿者免除责任的法律保护，使民众做好事时没有后顾之忧，不用担心因对第三者急救过失造成伤亡而遭到追究。此一法案也间接推动自动除颤器在美国的普及化。

据美国西雅图等城市设置自动除颤器后的调查，在公共场所设置和应用自动除颤器之前，院外心脏病猝死抢救成功率约为 1.2%，自动除颤器设置和应用后，抢救成功率可大幅提高 30%。这也极大地激发了世界各国开发与应用自动除颤器的热情，大大提高了全人类征服猝死的信心和决心。

我国是一个正在发展中的人口大国，随着社会健康和生活水平的提高，全社会的人口老龄化越来越普遍，心脏猝死的人数也随之上升。据统计，我国每年就有超过 54 万人发生猝死，更何况很多猝死发生在中年人群，给社会和家庭造成重大损失。为降低中国人的猝死率，中国与世界上所有国家一样需要自动除颤器这把征服心脏性猝死的利剑。

我国现在心脏骤停的病人基本上都不能得到及时的治疗，并不是技术的原因，主要是因为人们的意识不到位。发生心脏骤停可能在任何时间、任何地点，等到医生赶到基本上都错过了最佳的抢救时间。自动除颤器就为病人能得到及时的抢救提供了可能。自动除颤器是全自动的，只要稍加宣传和培训，一般人都能使用，如果自动除颤器能像灭火器一样得到广泛的使用，对我国人民的生命安全又是一个新的里程碑。

复习思考题 💡

1. 什么是室性心动过速和心室颤动？
2. 除颤的目的是什么？
3. 自动除颤器的特点是什么？
4. 简述自动除颤器的操作步骤。

单元三

创伤现场自救
急救技术

课题一 创伤现场急救基本知识

【培训目的】

1. 正确理解创伤的概念及分类方法。
2. 熟练掌握创伤的局部表现。
3. 正确理解创伤的现场判断与评估的内容和方法。
4. 掌握现场伤者的分级方法。
5. 熟练掌握创伤现场急救的基本原则和要求。
6. 正确理解创伤现场急救注意事项。

【培训知识点】

1. 创伤的概念及分类方法。
2. 创伤的局部表现。
3. 创伤现场急救的基本原则和要求。
4. 创伤现场急救注意事项。
5. 创伤现场急救不当的后果。

【培训技能点】

1. 现场伤者的分级方法。
2. 创伤的现场判断与评估方法。

一、创伤的概念及分类

（一）创伤的概念

创伤是指各种物理、化学和生物等致伤因素作用于机体，造成组织结构完整性损害或功能障碍。严重创伤可引起全身反应，局部表现有伤区疼痛、肿胀、压痛等；骨折脱位时有畸形及功能障碍。严重创伤还可能有致命的大出血、休克、窒息及意识障碍。

（二）创伤的分类

创伤可以根据致伤因素、受伤部位、伤后皮肤完整性与否、伤情轻重等进行分类。

1. 按致伤因素分类

创伤按致伤因素可分为冷武（兵）器伤、火器伤、热烧伤、冷伤、冲击伤、化学伤等。

（1）冷武（兵）器伤。所谓冷武器是与火器相对而言，多指不用火药发射，以其利刃或锐利尖端而致伤的武器，如刀、剑、戟等，此类武器所致的损伤称为冷武（兵）伤。

（2）火器伤。火器伤为各种枪弹、弹片、弹珠等投射物所致的损伤。20世纪60年代以后，轻武器逐渐向小型化、轻量化和高速化方向发展。此类高速弹头击中人体时，特别在200m以内击中时，因其速度快，质量小，易发生破裂，大量能量迅速传递给人体组织，故常造成严重损伤。高速小弹片（珠）的速度随距离增加而迅速衰减，但在近距离内，却有很大的杀伤力。此外，小弹片（珠）常呈"面杀伤"，即一定范围内含有许多弹片（珠）散布，同一人可同时被许多弹片（珠）击中，从而造成多处受伤。

（3）热烧伤。热烧伤为因热力作用而引起的损伤。近代战争中，常使用各种纵火武器，如凝固汽油弹、磷弹、铝热弹、镁弹、火焰喷射器等，因此热烧伤的发生率急剧增高。大当量核武器爆炸时，光辐射引起的热烧伤则更为严重。在平时，因火灾、接触炽热物体（如烙铁、开水等）也可发生热烧伤或烫伤。

（4）冷伤。冷伤为因寒冷环境而造成的全身性或局部性损伤。依损伤性质可将冷伤分为冻结性损伤和非冻结性损伤两类。前者亦称局部冷伤或冻伤；后者包括一般的冻疮、战壕足和浸泡足。两类损伤的区别在于，发生冻结性损伤的环境温度已达到组织冰点以下，且局部组织有冻结；而非冻结性损伤是长期或反复暴露于寒冷潮湿环境中导致的无组织冻结和融化过程的寒冷性损伤。在寒冷的地区和季节，如保温措施不力，不论平时还是战时均可能发生大量冻伤。

（5）冲击伤。冲击伤为在冲击波作用下人体所产生的损伤。冲击波超压常引起鼓膜破裂、肺出血、肺水肿和其他内脏出血，严重者可引起肺组织和小血管撕裂，导致空气入血，形成气栓，出现致死性后果，此即临床上常说的爆震伤。动压可造成不同程度的软组织损伤、内脏破裂和骨折，类似于一般的机械性创伤。除空气冲击波可致伤外，水下冲击波和固体冲击波（经固体传导）也可造成各种损伤。此外，冲击波还可使建筑物倒塌或碎片飞散而产生继发性损伤。

（6）化学伤。敌人使用化学武器时，人员可因受化学战剂染毒而致伤。例如，糜烂性毒剂芥子气和路易剂可使皮肤产生糜烂和水疱；刺激性毒剂西埃斯和亚当剂对眼和上呼吸道黏膜有强烈刺激作用；窒息性毒剂光气和双光气作用于呼吸道可引起中毒性肺水肿。

2. 按受伤部位分类

人体致伤部位的区分和划定，与正常的解剖部位相同。

（1）颅脑伤。颅脑部位为前起于眉间，经眼眶上缘、颧骨上缘、颞颌关节、外耳道、乳突根部，到枕外粗隆连线以上部分。该部有完整的颅骨，脑组织正存于其间。常见的损伤为颅骨骨折、硬膜外和硬膜下出血、脑震荡、脑挫伤等。如仅伤及头部皮肤、皮下肌肉等软组织而未伤及脑组织，则称为头部软组织伤。严重的颅脑伤是死亡率最高的一种创伤。

（2）颌面颈部伤。颌面颈部部位为上界与颅脑部连接，下界前起于胸部上切迹，经锁骨上缘内 1/3，斜方肌上缘，到第 5 颈椎棘突的连线，其中眼部以骨性眶缘为界。该部内含气管、食管、甲状腺、甲状旁腺、大血管、神经和肌肉等器官和组织。发生颌面颈部伤时，可不同程度地影响呼吸、语言、进食和内分泌功能，颈部大血管破裂时，可因大出血而迅速致死。

（3）胸部伤。胸部部位为上界与颈部连接，下界从胸骨剑突向外下斜行，沿肋下缘到第 8 肋间，水平向后，横过第 11 肋中点，到第 12 胸椎下缘。胸壁的半骨性结构使胸腔保持一定的形状，因而可有效地保护胸腔内心肺等重要器官。胸部损伤轻时仅伤及胸壁，重则伤及心肺和大血管，造成气胸、血气胸、心包积血、心肺出血和破裂。

（4）腹部伤。腹部部位为上界与胸部连接，下界为骨盆上缘。腹腔内含有许多实质内脏器官和空腔内脏器官，腹壁的表面积大，质地软，受外界致伤因子作用的几率较高，故易发生损伤，重者可造成内出血、器官破裂和腹腔感染。

（5）骨盆部（阴臀部）伤。骨盆部（阴臀部）部位为上界与腹部连接，下界为耻骨下缘，包括外阴部和会阴部。盆腔内主要有膀胱、直肠和泌尿生殖与消化两系统的排出口。发生骨折时易引起内脏器官继发损伤。大小便时，伤部易受到污染。

（6）脊柱脊髓伤。脊柱脊髓部位为上起于枕外粗隆，下达骶骨上缘，两侧到横突尖部。脊柱损伤伴有脊髓损伤时，可发生不同高度和范围的截瘫，甚至造成终身残疾。救护时必须让伤员平卧，最好躺在平板上。

（7）上肢伤。上肢部位为上界与颈部和胸部连接，下界为手指末端。上肢是人体工作和生活的重要部位，常见的损伤为肱骨、桡骨和尺骨骨折，重者可发生断指或断肢，同时可伴有神经血管和肌损伤。

（8）下肢伤。下肢部位为上界与骨盆部相连接，下界为游离的脚趾。下肢的主要功能是支持和移动身体的重量，常见的损伤有股骨和胫腓骨骨折、挤压伤等，同时伴有神经血管和肌损伤。

（9）多发伤。除了以上按部位进行分类外，还有多个部位出现的损伤。凡有两个或两个以上部位出现的损伤，而其中一处可危及生命者称为多发伤。同一部位（如下肢或腹部）发生多个损伤，一般不称为多发伤。

3. 按伤后皮肤完整性与否分类

按伤后皮肤完整性与否，可将创伤分为开放性创伤和闭合性创伤两类。一般地说，开放性创伤易于诊断，但易发生伤口污染以至感染；闭合性创伤诊断有时相当困难（如某些内脏损伤等）。闭合性实质性内脏器官创伤时，污染往往不严重；而空腔内脏器官损伤时（如肠破裂、膀胱破裂等），则可能发生严重的感染。

（1）开放性创伤。有皮肤破损的创伤称为开放性创伤，简称开放伤。在开放性创伤中，有穿入伤和穿透伤两种。

1）穿入伤是指利器或投射物穿入人体表面后造成的损伤，可能仅限于皮下，也可能伤及内脏。与此相对应的是非穿入伤，指体表完整而皮肤下组织发生的损伤，如挫伤等闭合性损伤。

2）穿透伤是指穿透体腔和伤及内脏的穿入伤。也就是说，凡穿透各种体腔（如脑膜腔、脊髓膜腔、胸膜腔、腹膜腔、关节腔等）造成内脏损伤者均称之为穿透伤，反之为非穿透伤。

常见的开放性创伤有擦伤、切伤和砍伤、撕裂伤、刺伤等。

1）擦伤。擦伤是最轻的一种创伤，系致伤物与皮肤表面发生切线方向运动所致，即皮肤与物体粗糙面摩擦后而产生的浅表损伤。通常仅有表皮剥脱，少量出血和渗血，继而可能出现轻度炎症，一般1~2天内可自愈。

2）切伤和砍伤。切伤为锐利物体（如刀刃、剪子等）切开体表所致，其创缘较整齐，伤口大小及深浅不一，严重者其深部血管、神经或肌可被切断。因利器对伤口周围组织无明显刺激，故切断的血管多无明显收缩，出血常较多。砍伤与切伤相似，但刃器较重（如斧子、砍刀等）或作用力较大，故伤口多较深，并常伤及骨组织，伤后的炎症反应较为明显。

3）撕裂伤。撕裂伤是钝性暴力作用于体表，造成皮肤和皮下组织撕开和断裂。如行驶的车辆、开动的机器和奔跑的马匹等撞击人体时，易产生此类损伤。

撕裂伤伤口形态各异，有瓣状、线状、星状等。撕裂伤伤口污染多较严重。

4）刺伤。刺伤为尖细物体（如刺刀、竹签、铁钉等）猛力插入软组织所致的损伤。刺伤的伤口多较小，易被血凝块堵塞，但较深，有时会伤及内脏。此类伤口易并发感染，尤其是厌氧菌感染。纤细的竹丝或木丝存留皮下时可造成剧痛。

（2）闭合性创伤。皮肤完整无伤口的创伤称为闭合性创伤，简称闭合伤。常见的闭合性创伤有挫伤、挤压伤、扭伤、振荡伤、关节脱位、闭合性骨折、闭合性内脏伤等。

1）挫伤。挫伤最为常见，是钝性暴力（如枪托、石块等）或重物打击所致的皮下软组织损伤。主要表现为伤部肿胀、皮下瘀血、有压痛，严重者可有肌纤维撕裂和深部血肿。如致伤力为螺旋方向，形成的挫伤称为捻挫伤，其损伤更为严重。内脏发生挫伤（如脑挫伤等）时，可造成实质细胞坏死和功能障碍。

2）挤压伤。挤压伤为肌丰富的肢体或躯干在受到外部重物（如倒塌的工事、房屋、楼板等）较长时间的挤压而造成的肌组织创伤。挤压伤与挫伤相似，但受力更大，致伤物与体表接触面积也更大，压迫的时间较长，故损伤常较挫伤更重。

3）扭伤。扭伤为关节部位一侧受到过大的牵张力，相关的韧带超过其正常活动范围而造成的损伤。扭伤一般有瘀血、局部肿胀、青紫和活动障碍等症状。严重的扭伤可伤及肌和肌腱，以至发生关节软骨损伤和骨撕脱等，治愈后可因韧带或关节囊薄弱而复发。

4）振荡伤。振荡伤为头部受钝力打击所致的暂时性意识丧失，无明显或仅有很轻微的脑组织形态变化。

5）关节脱位。关节脱位也称脱臼，为关节部位受到不匀称的暴力作用后所引起的损伤。骨骼完全脱离关节面者称为完全性脱位，部分脱离关节面者称为半脱位。通常肩关节稳定性较差，易发生脱位，而髋关节稳定性好，不易发生脱位。脱位的关节囊会受到牵拉，较严重者可使关节囊变薄，复位后亦易复发。

6）闭合性骨折。闭合性骨折为强暴力作用于骨组织所产生的骨断裂。具体内容在本单元课题四详细介绍。

7）闭合性内脏伤。闭合性内脏伤为强暴力传入体内后所造成的内脏损伤。如头部受撞击后，能量传入颅内，形成应力波，迫使脑组织产生短暂的压缩、变位，在这一过程中可发生神经元的轻度损伤；如较重，可发生出血和脑组织挫裂，形成脑挫伤。行驶的机动车撞击胸腹部时，体表可能完好无损，而心、肺、大血管可发生挫伤和破裂，肝、脾等实质内脏器官或充盈的膀胱等也可发生撕裂或破裂性损伤。在高速行驶的车辆紧急制动时，佩戴安全带的人员因人体惯性运动受到安全带的阻挡，此时可发生闭合性的安全带伤，表现为内脏器官挫伤、破裂和出血，甚至脊柱压缩性骨折。

4．按伤情轻重分类

创伤按伤情轻重分为轻伤、中等伤和重伤三类。

（1）轻伤。轻伤是指不影响生命，一般无需住院治疗的伤情。如局部软组织伤、一般轻微的撕裂伤和扭伤等。

（2）中等伤。中等伤是指伤情虽重但尚未危及生命的伤情。如软组织损伤、上下肢开放性骨折、肢体挤压伤、创伤性截肢及一般的腹腔器官伤等。中等伤者常丧失劳动能力及生活能力，需手术治疗，一般无生命危险。

（3）重伤。重伤是指危及生命或治愈后有严重残疾的伤情，例如严重休克、内脏伤等。

二、创伤的局部表现

1．疼痛

伤处疼痛与受伤部位的神经分布、创伤轻重、炎症反应强弱等因素有关。伤处活动时疼痛加剧，制动后则减轻。严重创伤或合并有重度休克时患者常不诉疼痛。一般创伤所致疼痛常在2~3天后缓解，疼痛持续或加重常提示可能并发感染。疼痛部位多为受伤部位。

2．肿胀

局部出血和炎性渗出可导致伤处肿胀。浅部组织受伤时肿胀处多有触痛、发红、青紫或波动感。肢体节段性严重肿胀常预示静脉血回流受阻而使远侧肢体也发生肿胀，如果组织内张力进一步增高而影响动脉血流，则可造成远侧肢体皮色苍白、皮肤温度降低。

3．功能障碍

创伤本身就可引起机体的功能障碍，如骨折导致肢体活动受限、气胸造成呼吸困难等。其次是创伤炎症引起的功能障碍，如咽喉创伤造成炎性水肿引起呼吸困难、腹腔脏器伤造成腹膜炎可发生呕吐和腹胀等。再次是创伤疼痛引起功能障碍，如下肢伤的疼痛影响行走，腹部伤的疼痛使腹式呼吸减弱等。

4．皮下瘀斑

浅部组织受伤皮下血管出血常表现为皮下瘀斑，淤斑的大小因受伤范围和出血多少以及机体凝血机制的好坏而不同。如果有血肿形成常可在皮下瘀斑处触及波动感。深部受伤时有压痛，但瘀斑及波动感并不明显。

5. 伤口和创面

开放性创伤均有伤口和创面，其形状、大小、深度不一，伤口内有出血或血块。伤口或创面还可能有泥沙、木刺、衣服碎片、弹片等异物存留。如发生感染，伤口和创面则可发生溃烂或流脓。金黄色葡萄球菌感染时脓液呈现黄色、黏稠、无臭。溶血性链球菌感染时脓液较稀薄。铜绿假单胞菌（绿脓杆菌）感染时脓液呈现淡绿色。厌氧菌感染其分泌物有恶臭。

三、创伤的现场判断与评估

无论是自然灾害还是事故灾难，无论是急病还是创伤，无论施救人员是否是医务人员，无论条件多么简陋、人员多么混乱、现场多么嘈杂，"第一目击者"或施救者到达现场后，首先要对现场进行准确判断和评估，在确保自身安全的前提下，选择适当的措施进行施救。

（一）现场环境评估

（1）首先要确认现场周围环境是否安全，是否有潜在的危险。如未完全倒塌的建筑、燃烧未尽的现场、持续中的泥石流、未切断的煤气管道等。如有危险，应尽可能解除，以确保施救者、伤者的安全，必要时，应采取相应的保护或防范措施。对密闭环境中的现场，在未了解情况前，不要贸然进入。

（2）要确认现场周围地形、地貌等地理条件，现场周围可以利用的资源等。

（3）要确认进入、撤出现场的最佳途径，保障现场救援的顺利进行。

（4）要确认现场的范围和规模，包括人员伤害的数量和程度、公共设施及环境破坏的程度等。

（二）现场受伤人员评估

1. 评估目的

受伤人员评估的目的就是要按伤情的轻重缓急，迅速安排伤者救治的先后次序，以保证大多数伤者得到必要的救治。分类工作组织得好坏，直接影响到现场急救的秩序、质量和数量。

2. 评估方法

最简单的评估方法是 CRAMS 评分法，包括循环（circulation）、呼吸（respiration）、腹部（abdomen）、运动（motion）、语言（speech），每项各 2 分，将每项相加，满

分为 10 分。以评估所得总分来区分创伤的轻重。如果得分小于 7 分为重度创伤，死亡率为 62%；得分不少于 7 分为轻度创伤，死亡率为 0.15%。具体评分方法医学上有专门规定，本书不做赘述。

3. 评估的内容

（1）意识。首先观察伤者的意识是否清楚。可以通过以下方式进行。

1）高声叫喊，如"您感觉怎么样?"或"你哪里不舒服?"。

2）轻拍伤者的面颊（面颊无伤时）。

3）用拳在伤者胸骨上来回刺激。

4）轻拧或轻压伤者的手指。

5）用指甲按压伤者的人中穴位。

判断标准：能正确回答问题的为意识清楚；能回答一些简单问题，但回答比较混乱的为意识模糊；对轻微刺激无反应的则为意识不清；对呼唤、强光、高声、疼痛刺激均无反应的为昏迷。

（2）呼吸。通过"一看、二听、三感觉"的方式观察伤者呼吸是否存在。

1）看。看伤者胸部是否有起伏。

2）听。听伤者有无气流通过的声音。

3）感觉。感觉伤者的呼吸道有无气体排出。可将棉花丝或细纸条放在伤者的鼻孔前，如有摆动则呼吸存在。

若判定伤者呼吸停止或呼吸微弱，应立即施行人工呼吸。

（3）脉搏。脉搏的搏动，特别是大动脉的搏动，是判断心搏骤停与否的重要标志。

1）检查的方法。将食指与中指合拢，按压于伤者的大动脉处。注意：切勿用拇指按压，以免将自己的动脉搏动误认为伤者的动脉搏动。若摸不到伤者大动脉的搏动，则立即施行胸外心脏按压术。

2）触摸部位。颈动脉（首选）、股动脉或桡动脉。

（4）血压。测血压并观察有无内、外出血，并寻求最适当的方法止血。

4. 现场伤者的分级

根据受伤情况，按轻、重、危、死亡分类，分别以"绿、黄、红、黑"的伤病卡做出标志，置于伤者的左胸部或其他明显部位，便于医疗救护人员辨认并及时采取相应的急救措施。发现危重情况，如窒息、大出血等，必须立即抢救。

经现场伤者分检，可将伤者按治疗的优先顺序分为四级，如图 3-1 所示。

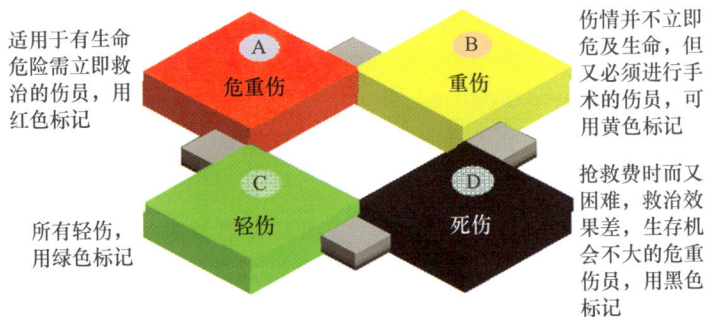

适用于有生命危险需立即救治的伤员，用红色标记

伤情并不立即危及生命，但又必须进行手术的伤员，可用黄色标记

所有轻伤，用绿色标记

抢救费时而又困难，救治效果差，生存机会不大的危重伤员，用黑色标记

图 3-1　现场伤者分检的四个级别

（1）1级优先处理。1级又称 A 级优先处理，为危重伤，用红色标签标识，如窒息、大出血、严重中毒、严重挤压伤、心室颤动等。1级伤者需要立即进行现场心肺复苏和（或）立即手术，治疗绝不能耽搁。可在送院前做维持生命的治疗，如插管、止血、静脉输液等。1级伤者应优先送往附近医院抢救。

（2）2级优先处理。2级又称 B 级优先处理，为重伤，用黄色标签标识，如单纯性骨折、软组织伤、非窒息性胸外伤等。2级伤者损伤严重，但全身情况稳定，一般不危及生命，需要进行手术治疗。有中等量出血、较大骨折或烧伤的伤者，转送前应建立静脉通道，改善机体紊乱状况。

（3）3级优先处理。3级又称 C 级优先处理，为轻伤，用绿色标签标识，如一般挫伤、擦伤等。3级伤者受伤较轻，通常是局部的，没有呼吸困难或低血容量等全身紊乱情况，可自行行走，对症处理即可。转送和治疗可以耽搁 1.5～2h。

（4）4级优先处理。4级又称 D 级优先处理，为死亡，用黑色标签标识。

（三）现场人员防护评估

在接触伤者进行现场急救以前，要根据不同现场的实际，采取必要的个人防护措施，使用合适的个人防护用具，以避免伤口感染及传染病的发生。有条件的，要穿防护服、戴口罩、戴医用手套等。个人防护要因地制宜，现场有什么就用什么。

四、创伤现场急救

创伤现场急救是急诊医学的重要组成部分，反映了现代医学进步和经济发展的必然需求。创伤现场急救是一个国家、社会综合应急能力的体现，是公民素质的展示。

（一）创伤现场急救的目的

1. 抢救、延长生命

创伤伤者由于重要脏器损伤（心、脑、肺、肝、脾及颈部脊髓损伤）及大出血导致休克时，可出现呼吸、循环功能障碍。故在呼吸、循环骤停时，现场急救要立即实施徒手心肺复苏，以维持生命，为专业医护人员或医院进一步治疗赢得时间。

2. 减少出血，防止休克

血液是生命的源泉，有效止血是现场急救的基本任务。严重创伤或大血管损伤时出血量大，现场急救要迅速用一切可能的方法止血。

3. 保护伤口

保护伤口能预防和减少伤口污染，减少出血，保护深部组织免受进一步损伤。因此，开放性损伤的伤口要妥善包扎。

4. 固定骨折

骨折固定能减少骨折端对神经、血管等组织结构的损伤，同时能缓解疼痛。颈椎骨折如予妥善固定，能防止搬运过程中脊髓的损伤。因此，现场急救要用最简便有效的方法对骨折部位进行固定。

5. 防止并发症及伤势恶化

现场必要的通气、止血、包扎、固定处理，能够最大限度地防止伤者发生并发症，避免伤者伤势进一步恶化，减轻伤者痛苦。但现场救护过程中要注意防止脊髓损伤、止血带过紧造成肢体缺血坏死、胸外按压用力过猛造成肋骨骨折以及骨折固定不当造成血管神经损伤及皮肤损伤等并发症。

6. 快速转运

现场经必要的通气、止血、包扎、固定处理后，要用最短的时间将伤者安全地转运到就近医院。

（二）创伤现场急救的基本原则

1. 先救命，后治伤

对大出血、呼吸异常、脉搏细弱或心跳停止、神志不清的伤者，应立即采取急救措施，挽救生命。伤口处理一般应先止血，后包扎，再固定，并尽快妥善地转送医院。遇到大出血又有创口者，首先立即止血再消毒创口进行包扎；遇到大出血又伴有骨折者，应先立即止血再进行骨折固定；遇有心跳呼吸骤停又有骨折者，应首先用口对口呼吸和胸外按压等技术使心肺脑复苏，直到心跳呼吸恢复后，再进行骨折固定。

2．先重伤，后轻伤

在严重的事故灾害中，可能出现大量伤者，一般按照伤者的伤情轻重展开急救。要优先抢救危重者，后抢救较轻的伤者。伤者的伤情分级如前所述。

3．先抢后救，抢中有救

在可能再次发生事故或引发其他事故的现场，如失火可能引起爆炸的现场、造成建筑物坍塌随时可能再次坍塌的现场、大地震后随时可能有余震发生的现场等，应先抢后救，抢中有救，以免发生二次伤害、爆炸或有害气体中毒等，确保救护者与伤者的安全。现场急救过程中，医护人员以救为主，其他人员以抢为主。施救者应各负其责，相互配合，以免延误抢救时机。通常先到现场的医护人员应该担负现场抢救的组织指挥职责。

4．先抢救再转送，先分类再转送

为避免耽误抢救时机，致使不应死亡者丧失了性命，现场所有的伤者需经过急救处理后，方可转送至医院。不管伤轻还是伤重，甚至对大出血、严重撕裂伤、内脏损伤、颅脑损伤伤者，如果未经检伤和任何医疗急救处置就急送医院，后果十分严重。因此，必须先进行伤情分类，把伤者集中到标志相同的救护区，以便分别救治、转送。

5．急救与呼救并重

当意外伤害发生时，在进行现场急救的同时，应尽快拨打电话120、110呼叫急救车，或拨打当地担负急救任务的医疗部门电话。在遇到成批伤者，又有多人在现场的情况下，应分工负责，急救和互救同时展开，并尽快争取到急救外援。

6．就地取材

意外伤害现场一般没有现成的急救器材。为了提高急救效率，要就地取材进行急救。比如，可用领带、衣服、毛巾和布条等代替止血带和绑扎带；用木棍、树枝和杂志等来代替固定夹板；用椅子、木板和桌子等代替担架。

（三）创伤现场急救的要求

时间就是生命！创伤现场急救的要求就是"快"，即快抢、快救、快送。

1．快抢

快抢就是将伤者从倒塌的建筑物、交通事故的汽车底下或敌人的炮火中抢救出来，脱离受伤现场，防止再次受伤。

2．快救

快救就是迅速抢救生命。如解除窒息、紧急止住外出血、包扎伤口、临时伤肢固定、防止开放伤的污染等。

3. 快送

快送就是迅速将伤者根据伤情送往附近医院或创伤救治中心。

（四）创伤现场急救技术

创伤现场急救技术包括通气、止血、包扎、固定、搬运等。通气技术在本书单元二的课题二之"开放气道"中已经做了详细介绍；止血、包扎、固定、搬运技术的具体内容将在本单元课题二至课题五详细叙述。

（五）创伤现场救护不当的后果

在各种灾难性事件的现场急救过程中，由于很多人缺乏相关的知识，加之救人心切，使用了一些错误的方法对伤者进行止血、包扎、固定、搬运，或者为减轻疼痛习惯用手揉捏并按摩受伤部位，结果导致了十分严重的后果。

1. 导致截瘫

脊柱部位的骨折、脱位，随意搬动将造成骨折、脱位加重而导致截瘫。颈惟部位的骨折可以造成四肢高位截瘫、胸腰部位骨折，不恰当的搬运可以损伤腰脊髓神经，发生下肢截瘫。比如，煤矿井下工人受伤后，工友们为了及早使伤者升井得到妥当的救治，常常把伤者从低矮的工作面背负着进行搬运，或者一人抬头另一人抬脚，没有注意腰部的保护，结果导致了原没有神经症状的脊柱骨折者发生了截瘫。

2. 加重出血

对于骨盆、锁骨或四肢骨折者，由于骨折端锋利如同刀子，随意乱搬动会刺破局部血管导致出血，甚至是危及生命的大出血，或者可以使已经停止出血的骨折断端再次出血；锁骨粉碎性骨折，揉捏可以伤及锁骨下动脉；肋骨骨折，随意搬动可致骨折断端刺破肺脏，发生血胸、气胸、纵隔及皮下气肿等；肱骨外科颈骨折，揉按可以伤及腋动脉；肱骨髁上骨折，揉压可以伤及肱动脉；股骨下段骨折，乱动可损伤股动脉。

3. 损伤神经

四肢的长骨干骨折，其骨折断端会像刀子一样锋利。在此状态下，随意拉动、抬起、揉捏按压受伤的肢体除可造成出血外，还可以使骨折断端刺伤或切断周围神经，从而造成神经麻痹，导致肢体局部功能丧失。

4. 加重休克

严重的骨折，如大腿、骨盆或多发性肋骨骨折合并内脏损伤时，由于失血和疼痛，伤者可发生休克。如果再施以搬运颠簸就会进一步加重休克，甚至造成伤者死亡。也有的长时间被困井下的工人，虽说没有任何外伤，但一旦被解救出来，由于精神崩溃或应激反应，也有可能出现休克，如果还继续让他行走，就会使休克加重，甚至呼吸、心搏停止。

5. 导致肢体伤口感染

在创伤发生后，创面渗血、渗液、血肉模糊，有时甚至被煤灰、污水、油渍所污染，这时很多伤者会因为慌乱随便拿东西捂在伤口上，如用污染的手套、纸巾、棉花等包扎伤口，这样很容易导致伤口的感染，另外，如果用上述物品包扎伤口给医生清创时带来不便，非常费事、费时，难以清创干净，增加了感染的机会，增加了创伤，增加了伤者的痛苦。

正确的处理方法应该是用干净的手帕、围巾、三角巾、毛巾等物品简单包扎伤口，还须注意以下三点：

（1）现场不要对伤口进行清创。

（2）在伤口的表面不要涂抹任何药物。

（3）密切观察伤者的意识、呼吸、循环等生命体征的变化。

如四肢开放性骨折、胸腹开放伤，如果用不洁净的衣物、敷料盲目包扎，会将细菌带入伤口中，导致伤口感染，甚至产生败血症、脓毒血症、骨髓炎等，造成严重后果。

6. 引起二便障碍

对于骨盆骨折，特别是耻骨坐骨支的骨折，如果搬运不当，扭转肢体，骨折端很容易造成男性尿道的断裂或挫伤，甚至直肠挫伤，从而引起排便、排尿困难。

7. 引起合并伤

关节脱位后随意按捏也是危险的。比如肩关节脱位，有些人企图自己复位或要非医生帮助复位。由于他们都不了解复位的机理，没有麻醉药物的辅助，复位不仅几乎不可能，而且容易合并局部肱骨外科颈骨折、血管损伤和神经损伤。

8. 造成骨坏死

如果股骨颈、腕骨骨折后翻动搬抬，会损伤仅存的关节囊血管和骨干的滋养血管，从而导致股骨颈、腕骨的血运严重破坏，不仅会造成骨折愈合困难，而且可能导致股骨、腕骨头无菌性坏死。

9. 导致肢体坏死

肢体受伤后，特别是合并骨折后，局部肿胀非常严重。此时如果固定不当，使用大量敷料包扎，虽然可能暂时有一定的止血效果，但时间不久会导致肢体麻木，超过 2h 以上就可能导致肢体缺血性坏死。

复习思考题 🔍❓

1. 什么是创伤？
2. 创伤按致伤原因分哪几类？
3. 创伤按受伤部位分哪几类？
4. 创伤按伤后皮肤完整性与否分哪几类？
5. 创伤按伤情轻重分哪几类？
6. 创伤的局部表现有哪些？
7. 创伤的现场判断与识别的内容有哪些？
8. 创伤评估目的是什么？
9. 创伤评估的 CRAMS 评分法包括哪些内容？
10. 创伤评估的内容主要有哪些？
11. 现场伤者分哪四级？
12. 创伤现场急救的基本原则是什么？
13. 创伤现场急救的要求是什么？
14. 创伤现场急救技术有哪些？
15. 创伤现场急救注意事项有哪些？
16. 创伤现场救护不当的后果有哪些？

课题二　创伤的现场止血技术

【培训目的】

1. 正确理解出血的不同分类。
2. 熟练掌握失血的表现。
3. 熟练掌握常用止血方法及适用场合。

【培训知识点】

1. 出血的不同分类。
2. 失血的表现。
3. 常用的止血材料。
4. 常用的止血方法及适用场合。

【培训技能点】

1. 各种包扎止血法的操作。
2. 各种加压包扎止血法的操作。
3. 各种指压动脉止血法的操作。
4. 各种止血带、止血法的操作。
5. 三角巾折成条形、燕尾形、环形的操作。

一、失血的表现

血液是维持生命的重要物质，成人的血容量占体重的 7% ~ 8%，如体重 60kg，则其血液量为 4200 ~ 4800mL。失血量是影响伤者健康和生命的主要因素。如果失血量较少，不超过总血量的 10%，可以通过身体的自我调节，很快恢复正常；如果失血量超过总血量的 20%（约 800mL）时，会出现头晕、脉搏增快、血压下降、出冷汗、肤色苍白、少尿等症状。当失血量超过 40%（约 1600mL）时，可能出现昏迷，意识丧失，甚至威胁生命安全。

二、出血类型

（一）根据出血部位不同分

根据出血部位不同，出血分为皮下出血、内出血和外出血三种。

1. 皮下出血

皮下出血多见于因跌伤、撞伤、挤伤、挫伤，造成皮下软组织内出血，形成血肿、瘀斑，如图 3-2（a）所示。

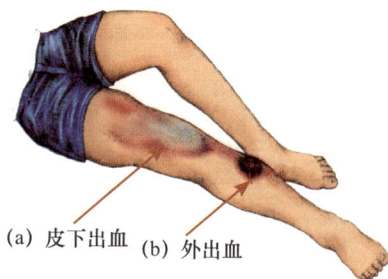

(a) 皮下出血 (b) 外出血

图 3-2 皮下出血与外出血

2. 内出血

内出血是深部组织和内脏损伤，如肝、脾、肾等，血液由破损的血管流入组织脏器和器官，形成脏器血肿或积血。

3. 外出血

外出血是血管受到外力作用后血管破裂，血液由破裂的血管流向体表，如图 3-2（b）所示。

（二）根据血管破裂的类型分

根据血管破裂的类型不同，出血分为动脉出血、静脉出血和毛细血管出血三种。

1. 动脉出血

血液呈鲜红色，呈喷射状，短时间内可造成大量出血，危及生命。

2. 静脉出血

血液色暗，呈涌泉状，缓慢向外流出，危险性较动脉性出血小。

3. 毛细血管出血

血液由鲜红变为暗红，呈水珠状渗出，速度慢，量少，常自行凝固，危险性小。

三、止血材料

1. 医用止血材料

常用的医用止血材料主要有无菌纱布、敷料、橡胶止血带、绷带、创可贴、三角巾等。

（1）无菌纱布。无菌纱布采用脱脂棉纱或天然纤维制成，如图3-3（a）所示。无菌纱布主要用于保护和覆盖创口、吸收皮肤表面或创伤渗出的液体等。

（2）敷料。医用敷料主要是指止血纱布，用以覆盖疮、伤口或其他损害，包括天然纱布［见图3-3（b）］、合成纤维类敷料、多聚膜类敷料、发泡多聚类敷料、水胶体类敷料、藻酸盐敷料等。天然纱布是使用最早、最为广泛的一类敷料。

（3）橡胶止血带。橡胶止血带采用医用高分子材料天然橡胶或特种橡胶精制而成，乳白色，长条扁平型，伸缩性强，如图3-3（c）所示。橡胶止血带适用于医疗机构在常规治疗及救治中输液、抽血、输血，或肢体出血、野外蛇虫咬伤出血时的应急止血。

（4）绷带。绷带是现场止血、包扎、固定的常用医用材料。最简单的一种是单绷带，由纱布或棉布制成，如图3-3（d）所示。绷带根据用途分为多种类型和规格，可适用于身体不同部位的止血包扎，如手指、手腕、上肢、下肢等。

（5）创可贴。创可贴又称止血药膏，是生活中最常用的一种外科用药，主要用于小伤口、擦伤的止血、护创。它由一条长形的胶布中间附以小块浸过药物的纱布构成，如图3-3（e）所示。创可贴自黏性、透气性很强，有各种大小不同规格。弹力创可贴适用关节部位损伤。

（a）

（b）

（c）

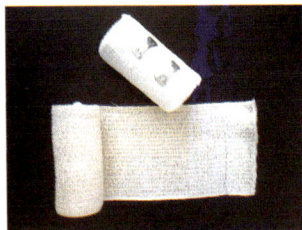
（d）

（e）

（f）

图3-3　常用医用止血材料

（a）无菌纱布；（b）敷料；（c）橡胶止血带；（d）绷带；（e）创可贴；（f）三角巾

（6）三角巾。三角巾是现场急救中较通用的材料，适合全身各部位的包扎，也可临时作止血带使用。三角巾的规格有多种，常用的展开状态规格为底边135cm、两斜边均为85cm的等腰三角形，如图3-3（f）所示。三角巾也可作为临时敷料、做成环形垫、固定伤肢、固定敷料等。使用时可根据需要折成以下不同的形状：

1）条形。先把三角巾的顶角折向底边中央，然后根据需要折叠成三横指或四横指宽窄的条带。

2）燕尾形。将三角巾的两底角对折重叠，然后将两底角错开并形成一定夹角的燕尾状。燕尾的夹角大小可根据包扎部位的不同而定。

3）环形。用三角巾折成带状，一端在手指周围缠绕数次，形成环状，将另一端穿过此环并反复缠绕。

2. 就地取材止血材料

就地取材止血材料有衣服、毛巾、手帕、领带、宽布条等。

注意：电线、鞋带、皮带、绳子、铁丝等太细且没有弹性的材料不能用来止血，以免造成皮肤甚至表浅组织损伤。

四、止血方法

（一）包扎止血法

包扎止血法适用于表浅伤口出血或小血管和毛细血管出血。

1. 黏贴创可贴

将创可贴自黏贴的一边先黏贴在伤口的一侧，然后向对侧拉紧黏贴另一侧，如图3-4所示。

2. 敷料包扎

将足够厚度的敷料、纱布覆盖在伤口上，覆盖面积要超过伤口周边至少3cm。

3. 就地取材

可选用头巾、手帕、清洁的布料、衣物等包扎止血。

图3-4 黏贴创可贴

（二）加压包扎止血法

加压包扎止血法适用于全身各部位的小动脉、静脉、毛细血管出血，用敷料或清洁的毛巾、绷带、三角巾等覆盖伤口，加压包扎达到止血的目的。

1. 直接加压法

通过直接压迫出血部位而止血。直接加压法止血的操作要点是：伤者坐位或卧位，抬高患肢（骨折除外），检查伤口无异物，用敷料覆盖伤口，覆料要超过伤口周边至少3cm，如果敷料已被血液浸湿，再加上一块敷料。用手加压压迫，然后用绷带或三角巾包扎，最后检查包扎后的血液循环情况。

2. 间接加压法

伤口有异物的伤者，如扎入体内的剪刀、刀子、钢筋、竹木片、玻璃片等，应先保留异物〔见图3-5（a）〕，并在伤口边缘固定异物〔见图3-5（b）〕，然后在伤口周围覆盖敷料〔见图3-5（c）〕，再用绷带或三角巾加压包扎〔见图3-5（d）〕。

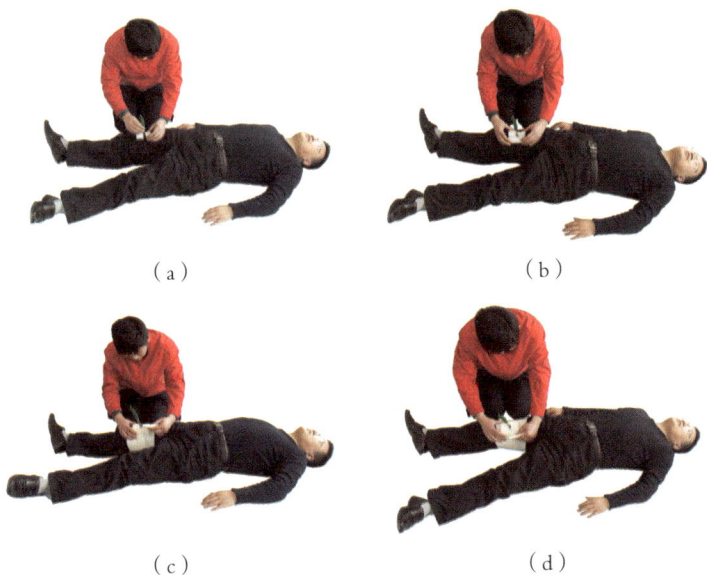

（a）　　　　　　　　　　　　（b）

（c）　　　　　　　　　　　　（d）

图3-5　间接加压包扎法

（a）保留异物；（b）固定异物；（c）覆盖敷料；（d）绷带加压

（三）指压动脉止血法

指压动脉止血法就是用拇指压住出血的血管上端（近心端），以压闭血管，阻断血流，从而起到止血作用。此法简单、快速，适用于头部、颈部、四肢部位的应急止血，但压迫时间不宜过长。采用此法，施救者需熟悉各部位血管出血的压迫点。

1. 面部出血

指压面动脉用于面部止血。用拇指压迫下颌角与咬肌前沿交界处凹陷的面动脉，如图3-6所示。面部的大出血需压住双侧才能止血。

2. 额部、头顶部出血

指压颞浅动脉用于额部、头顶部止血。颞浅动脉位于耳屏前上方 1.5cm 的凹陷处，用拇指在耳前对着下颌关节上用力，可将颞动脉压住，如图 3-7 所示。

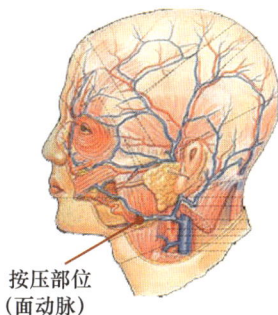

按压部位
（面动脉）

按压部位
（颞动脉）

图 3-6　面部压迫止血　　图 3-7　额部、头部压迫止血

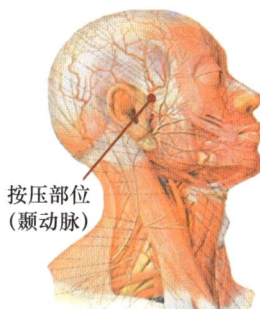

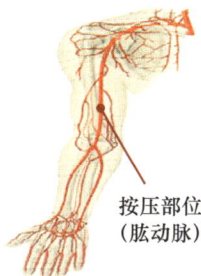

3. 头面部大出血

指压颈总动脉可用于头面部大止血。在颈根部，同侧气管外侧，摸到跳动的血管就是颈总动脉。用大拇指放在跳动处向后、向内压下，如图 3-8 所示。注意不要同时压迫两侧颈动脉，以免造成脑部缺血缺氧。

4. 腋窝、肩部及上肢出血

指压锁骨下的动脉用于腋窝、肩部及上肢止血。在锁骨中点上方凹处向下向后摸到跳动的锁骨下动脉，用大拇指压住即可。

5. 前臂出血

指压肱动脉能止住前臂止血。肱动脉位于上臂内侧中部的肱二头肌内侧沟处，如图 3-9 所示。

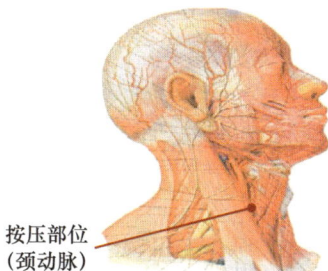

按压部位
（颈动脉）

按压部位
（肱动脉）

图 3-8　颈部压迫止血　　图 3-9　前臂压迫止血

6. 鼻子出血

指压鼻翼用于鼻子止血。按压时，头微前倾，手指压迫出血一侧鼻翼10～15min。如超过30min仍未止血，需送医院检查治疗。注意鼻子出血时不要把头抬起，避免大量血液回流导致气管堵塞。

7. 手掌手背出血

指压桡动脉用于手掌手背止血。一手压在腕关节内侧（通常摸脉搏处）即桡动脉，另一手压在腕关节外侧尺动脉处可止血，如图3-10所示。

8. 手指出血

指压指动脉用于手指止血。用未受伤的一手的拇指和中指分别压住出血手指的两侧可以止血，如图3-11所示，不可压住手指的上下面。把出血的手指屈入掌内，形成紧握拳头式也可以止血。

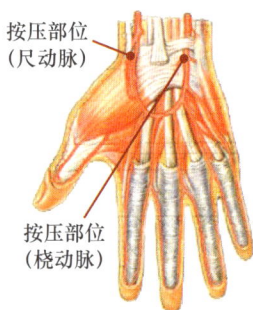

图3-10 手掌手背压迫止血　　图3-11 手指压迫止血法

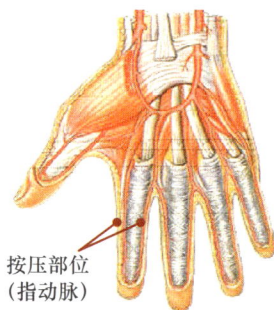

9. 大腿及下肢出血

指压股动脉用于大腿及下肢止血。股动脉压迫点位于大腿根部，腹股沟韧带中点偏内侧的下方。在大腿根部中间处，稍屈大腿使肌肉松弛，用大拇指向后压住跳动的股动脉或用手掌垂直压于其上部可以止血，如图3-12所示。

10. 小腿出血

指压腘动脉用于小腿及以下部位止血。腘动脉压迫点位于腘窝中部，在腘窝处摸到跳动的腘动脉，用大拇指用力压迫即可止血，如图3-13所示。

11. 足部出血

指压足背动脉和胫后动脉用于足部止血。足背动脉压迫点位于足背皮肤横纹中点，胫后动脉压迫点位于跟骨与内踝之间。用两手拇指分别压迫足背动脉和内踝与跟腱之间的胫后动脉即可止血，如图3-14所示。

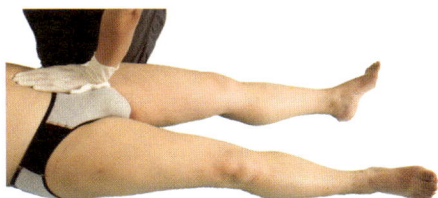

按压部位（股动脉）

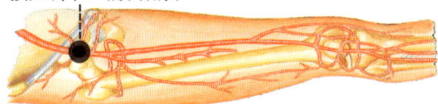

图 3-12　大腿压迫止血

按压位置（腘动脉）

图 3-13　小腿压迫止血

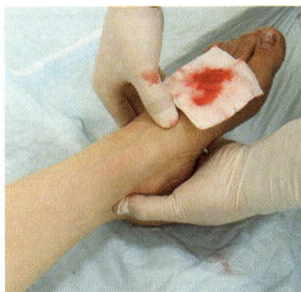

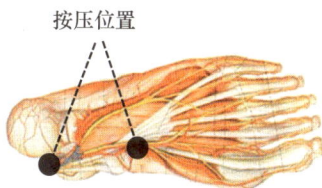

按压位置

图 3-14　足部压迫止血

（四）填塞止血法

填塞止血法用于四肢较大较深的伤口或穿通伤，且出血多，组织损伤严重时。用消毒的急救包，棉垫或消毒纱布，填塞在创口内，再用纱布、绷带、三角巾或四头带做适当包扎，如图 3-15 所示。松紧度以能达到止血目的为宜。填塞物不宜全部置于伤口内，最好留一小部分在伤口外以方便取出。

（五）加垫屈肢止血法

加垫屈肢止血法用于外伤较大的上肢或小腿出血，如图 3-16 所示。屈曲的肢体应无骨折、关节损伤。加垫屈肢止血法就是在肢体关节弯曲处加垫子（如一卷纱布、一卷毛巾等），如放

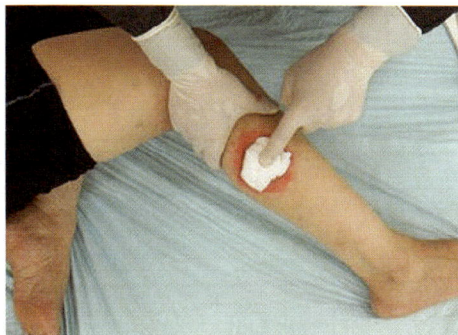

图 3-15　填塞止血法

73

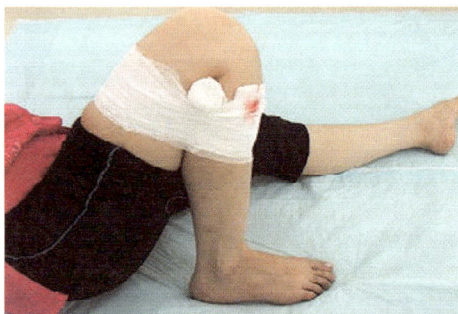

图3-16　加垫屈肢止血法

在肘窝、腘窝处，然后用绷带或三角巾把肢体弯曲起来，使用环形或"8"字形包扎。使用此法时要注意肢体远端的血液循环情况，每隔40~50min缓慢松开3~5min。此法对伤者痛苦较大，不宜首选。

（六）止血带止血法

止血带止血法主要用于其他方法不能控制的大血管损伤出血。止血带止血法能有效地控制四肢出血，但损伤较大，应用不当可致肢体坏死，故应谨慎使用。止血带有橡皮止血带（橡皮条和橡皮带）、气囊止血带（如血压计袖带）和布制止血带等。其操作方法各有不同。

1.常用止血带操作方法

（1）橡皮止血带止血。左手在离带端约10cm处由拇指、食指和中指紧握，使手背向下放在扎止血带的部位，右手持带中段绕伤肢一圈半，然后把带塞入左手的食指与中指之间，左手的食指与中指紧夹一段止血带向下牵拉，使之成为一个活结，外观呈A字型，如图3-17所示。

（2）气囊止血带止血。常用血压计袖带。操作方法比较简单，只要把袖带绕在扎止血带的部位，然后打气至伤口停止出血，如图3-18所示。一般压力表指针在300mmHg（上肢）。为防止止血带松脱，上止血带后再缠绕绷带加强。

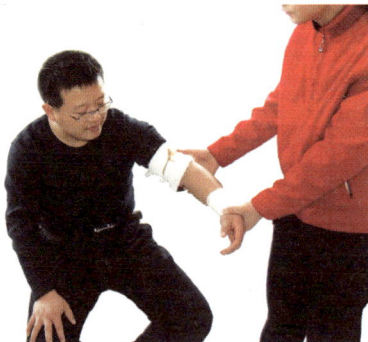

图3-17　橡皮止血带止血法

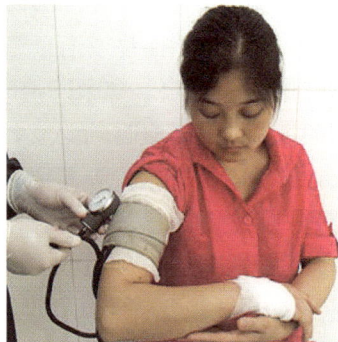

图3-18　气囊止血带止血

（3）布制止血带止血。将三角巾折成带状或将其他布料折叠成三四指宽的布条，在伤肢的正确部位垫好衬垫，布条两端从上向下拉紧绕伤肢一圈，在伤肢下方交叉后提起［见图3-19（a）］，在伤肢的上方打个蝴蝶结，结的下面留出约二三指的空隙，取一根绞棒穿在蝴蝶下面的空隙内［见图3-19（b）］，提起绞棒按顺时针方向拧紧［见图3-19（c）］，将绞棒一端插入蝴蝶结环内，最后拉紧活结并与另一头打结固定［见图3-19（d）］。

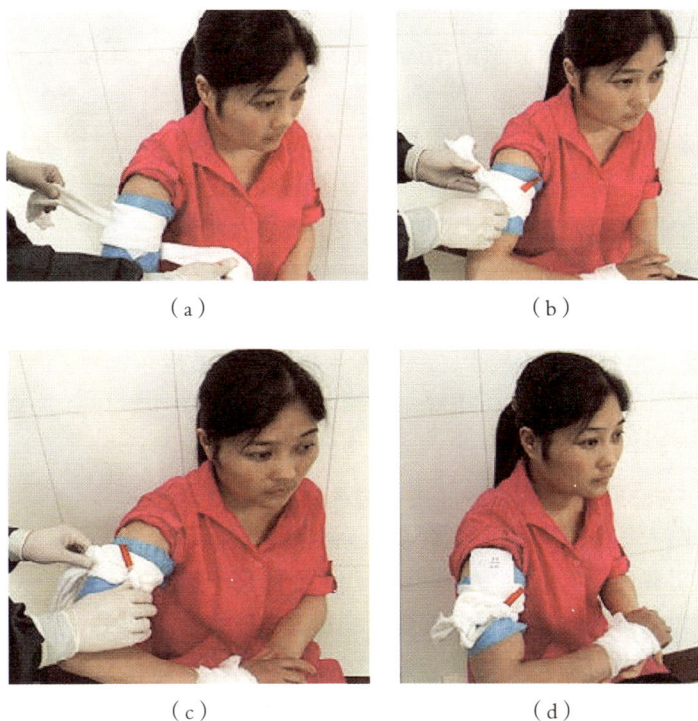

（a）　　　　　　　　　　（b）

（c）　　　　　　　　　　（d）

图3-19　布制止血带止血

（a）布条绕伤肢一圈；（b）打蝴蝶结并插入绞棒；（c）绞紧绞棒；
（d）固定绞棒

2. 止血带使用注意事项

（1）扎止血带时间越短越好，一般不超过1h，如必须延长，则应每隔40～50min放松3～5min，在放松止血带期间需用指压法临时止血。

（2）上止血带时应标记时间，因为上肢耐受缺血的时间是1h，下肢耐受缺血的时间是1.5h。如果上止血带的时间过长，会造成肢体的缺血坏死。

（3）避免勒伤皮肤，用橡皮管（带）时应先垫上1～2层纱布。

（4）一般放止血带的部位：上臂在上1/3处，太靠下会损伤桡神经。大腿宜放在中上段。前臂和小腿双骨部位不可扎止血带，因为血管在双骨中间通过，上止血带达不到压闭血管的目的，还会造成组织损伤。

（5）缚扎止血带松紧度要适宜，以出血停止、远端摸不到动脉搏动为准。过松达不到止血目的，且会增加出血量，过紧易造成肢体肿胀和坏死。

（6）需要施行断肢（指）再植者不应使用止血带，如有动脉硬化症、糖尿病、慢性肾病等，其伤肢也须慎用止血带。

（7）止血带只是一种应急的措施，而不是最终的目的，因此使用止血带后应尽快到医院急诊科处理。

（8）在松止血带时，应缓慢松开，并观察是否还有出血。切忌突然完全松开止血带。

（9）禁忌使用铁丝、绳索、鞋带、电线等无弹性且很细的物品充作止血带。

（七）钳夹止血法

钳夹止血法就是用止血钳直接钳夹出血点。这种方法最有效、最彻底，损伤最小，但需要一定的器械与技术，一般需专业医护人员操作。

复习思考题

1. 失血的表现有哪些？
2. 根据出血部位不同，出血类分哪几类？
3. 根据血管破裂的类型，出血类分哪几类？
4. 常用的止血材料有哪些？
5. 常用的止血方法有哪些？
6. 包扎止血法适用于哪些场合？各有哪几种？各如何进行止血？
7. 加压包扎止血法有哪几种？各适用于哪些场合？各如何进行止血？
8. 指压动脉止血法适用于哪些场合？不同部位出血分别应如何进行止血？
9. 止血带止血法有哪几种？各如何进行止血？
10. 三角巾如何折成条形、环形、燕尾形？

课题三　创伤的现场包扎技术

【培训目的】

1. 正确理解现场包扎的目的。
2. 熟练掌握现场包扎要点及注意事项。
3. 熟练掌握尼龙网套、创可贴包扎的方法及其适用场合。
4. 熟练掌握绷带包扎方法及其适用场合。
5. 熟练掌握三角巾包扎方法及其适用场合。

【培训知识点】

1. 现场包扎的目的。
2. 现场包扎的材料。
3. 现场包扎要点及注意事项。
4. 各种绷带包扎方法的适用场合。
5. 各种三角巾包扎方法的适用场合。

【培训技能点】

1. 尼龙网套、创可贴包扎的操作。
2. 各种绷带包扎的操作。
3. 各种三角巾包扎的操作。

一、现场包扎的目的

现场包扎是开放性创伤处理中较简单但行之有效的保护措施。及时正确地进行创面包扎可以达到保护伤口、减少感染、压迫止血、减轻疼痛，以及固定敷料和夹板等目的，有利于转运和进一步治疗。

二、现场包扎材料

　　常用的包扎材料有创可贴、绷带、胶带、三角巾、尼龙网套、简易材料（如毛巾、头巾、衣物、窗帘、领带等）。创可贴、绷带、三角巾在上一课题已作介绍。胶带用于固定绷带、敷料块等，具有多种宽度，呈卷状。尼龙网套可用于头部及肢体包扎，具有良好的弹性，使用方便。简易材料包括现场能够找到的毛巾、头巾、衣物、窗帘、领带等，可用于应急包扎材料。

三、现场包扎要点及注意事项

1．现场包扎动作要点

　　包扎伤口动作要快、准、轻、牢。

　　快——包扎动作要迅速敏捷。

　　准——包扎时部位要准确、严密，不遗漏伤口。

　　轻——包扎动作要轻柔，不要碰触伤口，以免增加伤者的疼痛和出血。

　　牢——包扎要牢靠，过松易造成敷料脱落；也不宜过紧，以免妨碍血液流通和压迫神经。

2．现场包扎注意事项

　　（1）包扎时尽可能戴上医用手套。如必须用裸露的手进行伤口处理，在处理前，用肥皂清洗双手。

　　（2）脱去或剪开衣服，以便暴露伤口，检查伤情。

　　（3）加盖敷料，封闭伤口，防止污染。

　　（4）包扎动作要轻巧而迅速，部位要准确，伤口包扎要牢固，松紧适宜。

　　（5）除烧烫伤、化学伤外，一般伤口不要用水冲洗。

　　（6）不要对嵌有异物或骨折断端外露的伤口直接进行包扎。

　　（7）不要在伤口上用消毒剂或药物。

四、现场包扎方法

（一）尼龙网套、创可贴包扎法

1．尼龙网套包扎法

　　先用敷料覆盖伤口并固定，再将尼龙网套套在敷料上。如图 3-20 所示。尼龙网套在现场急救时可有效帮助止血、保护伤口。

2. 创可贴包扎法

创可贴具有止血、消炎、止疼、保护伤口等作用，使用方便，效果佳，可根据伤口大小选择不同规格的创可贴。

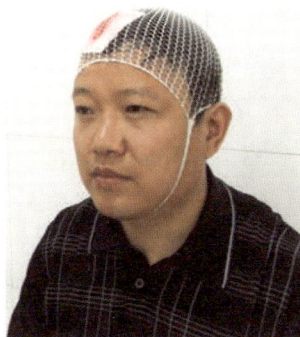

图3-20 尼龙网套包扎

（二）绷带包扎法

绷带包扎法有环形包扎法、回返包扎法、"8"字形包扎法、螺旋包扎法和螺旋反折包扎法。不管用哪种绷带包扎方法，包扎时应注意以下几点：

（1）伤口上要加盖敷料，不要在伤口上使用弹力绷带。

（2）使用绷带包扎时，松紧要适度。若手、足的甲床发紫，绷带缠绕肢体远心端皮肤发紫，有麻木感或感觉消失，严重者手指、足趾不能活动时，说明绷带包扎过紧，应立即松开绷带，重新缠绕。

（3）无手指、足趾末端损伤者，包扎时要暴露肢体末端，以便观察末梢血液循环情况。

1. 环形包扎法

环形包扎法是绷带包扎中最基础、最常用的方法，适用于肢体粗细均匀处伤口的包扎或一般小伤口清洁后的包扎。具体操作方法是：

（1）伤口用无菌敷料覆盖，用左手将绷带固定在敷料上，右手持绷带卷环绕肢体进行包扎，如图3-21（a）所示。

（2）将绷带打开，一端稍作斜状环绕第一圈，将第一圈斜出一角压入环形圈内，环绕第二圈并压住斜角；加压绕肢体环形缠绕4~5圈，每圈盖住前一圈，绷带缠绕范围要超出敷料边缘，如图3-21（b）所示。

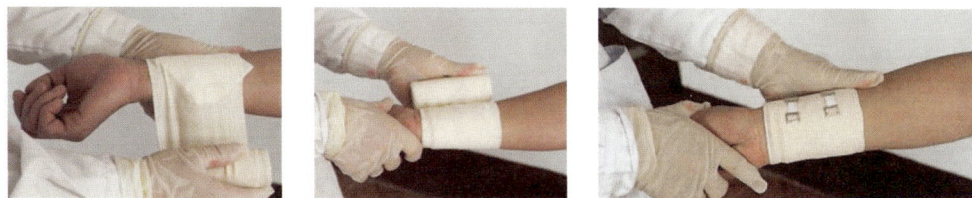

| （a） | （b） | （c） |

图3-21 环形包扎法

（a）将绷带固定在敷料上；（b）加压绕肢体环形缠绕4~5层；（c）用胶布粘贴固定

（3）最后用胶布将绷带粘贴固定，如图3-21（c）所示。或将绷带尾端从中央纵向剪成两个布条，两个布条先打一结，然后再缠绕肢体一圈，打结固定。

2. 回返式包扎法

回返式包扎法用于头部、肢体末端或断肢残端部位的包扎。头部回返式包扎法如图3-22所示。具体操作方法是：

（1）用无菌敷料覆盖伤口。

（2）先环形固定两圈。

（3）左手持绷带一端于头后中部，右手持绷带卷，从头后方向前到前额。

（4）然后再固定前额处绷带向后返折。

（5）反复呈放射性返折，直至将敷料完全覆盖。

（6）最后环形缠绕两圈，将上述返折绷带固定。

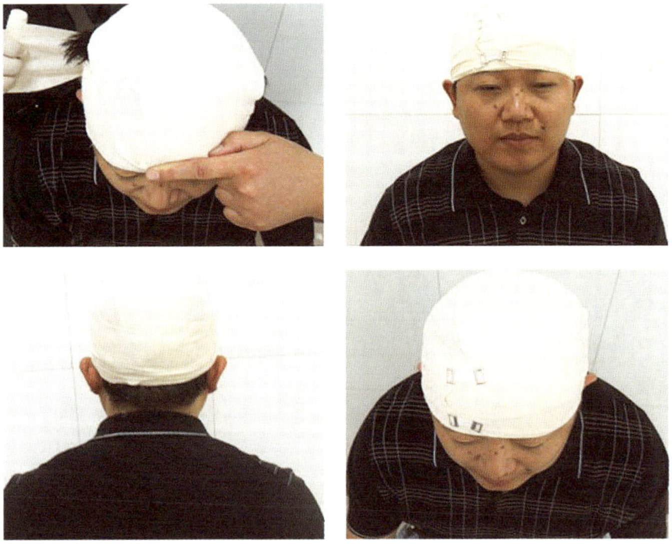

图3-22 头部回返式包扎法

3. "8"字形包扎法

"8"字形包扎法多用于手掌、踝部和其他关节处伤口包扎。如图3-23（a）为脚踝"8"字包扎，图3-23（b）为手腕"8"字包扎。"8"字包扎时最好选用弹力绷带。"8"字形包扎法的具体操作方法是：

（1）用无菌敷料覆盖伤口。

（2）先环形缠绕两圈（包扎手脚时从腕部开始）。

（3）然后经手（或脚）和腕"8"字形缠绕。

（4）最后绷带尾端在腕部固定。

（5）包扎关节时绕关节上下"8"字形缠绕。

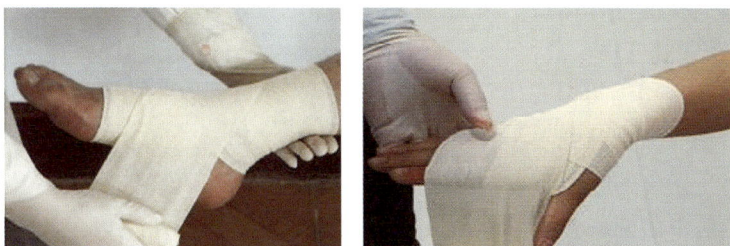

（a）　　　　　　　　　　　　　　（b）

图3-23　"8"字形包扎法

（a）脚踝"8"字包扎；（b）手腕"8"字包扎

4. 螺旋包扎法

螺旋包扎法适用肢体粗细基本相同和躯干部位的包扎，如图3-24所示。具体操作方法是：

（1）用无菌敷料覆盖伤口。

（2）先环形缠绕两圈进行固定。

（3）从第三圈开始，环绕时压住前一圈的1/2或1/3。

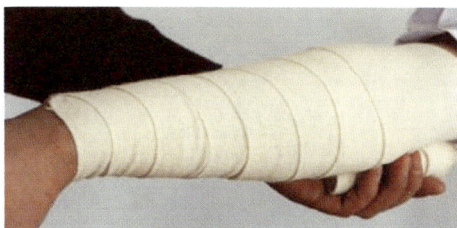

图3-24　螺旋包扎法

（4）完全覆盖伤口及敷料后，用胶布将绷带尾粘贴固定或打结。

5. 螺旋反折包扎法

螺旋反折包扎法用于肢体上下粗细不等部位的包扎，如小腿、前臂等，如图3-25所示。具体操作方法是：

（1）先用无菌敷料覆盖伤口。

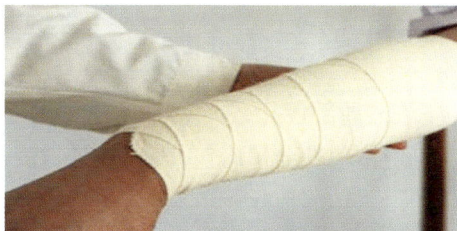

图3-25　螺旋反折包扎法

（2）用环形法固定伤肢始端后做螺旋包扎。

（3）螺旋至肢体较粗或较细的部位时，每绕一圈在同一部位把绷带反折一次，盖住前一圈的1/2或1/3。反折时，以左手拇指按住绷带上面的正中处，右手将绷带向下反折，向后绕并拉紧。

（4）由远而近缠绕，直至完全覆盖伤口及敷料，再打结固定。

注意：反折处不要在伤口上。

（三）三角巾包扎法

三角巾包扎法操作简便，材料简单，适用于身体各个部位的包扎。

1. 头部包扎

头部包扎采用头顶帽式包扎法，其具体操作步骤是：

（1）将伤口覆盖敷料。

（2）将三角巾的底边叠成约两横指宽，边缘置于伤者前额齐眉处，顶角向后。

（3）三角巾的两底角经两耳上方拉向头后部交叉并压住顶角，如图 3-26（a）所示。

（4）再绕回前额齐眉打结，如图 3-26（b）所示。

（5）将顶角拉紧，折叠后掖入头后部交叉处内，如图 3-26（c）所示。

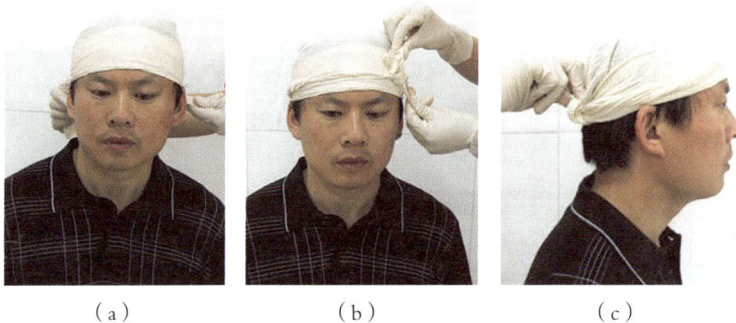

（a）　　　　　　　　　（b）　　　　　　　　　（c）

图 3-26　头部帽式包扎法

（a）两底角拉向头后部交叉；（b）绕回前额齐眉打结；（c）折叠后掖入头后部交叉处内

2. 肩部包扎

肩部包扎分单肩包扎和双肩包扎。

（1）单肩包扎。单肩包扎的具体操作步骤是：

1）将伤口覆盖敷料。三角巾折叠成燕尾式，燕尾夹角约90°，大片在后压住小片，放于肩上。

2）燕尾夹角对准伤侧颈部。

3）燕尾底边两角包绕上臂上部并打结。

4）拉紧两燕尾角，分别经胸、背部至对侧腋前或腋后线处打结。单肩包扎法如图 3-27 所示。

（2）双肩包扎。双肩包扎的具体操作步骤是：

1）将伤口覆盖敷料。三角巾折叠成燕尾形，燕尾夹角约100°。

2）披在双肩上，燕尾夹角对准颈后正中部。

3）燕尾角过肩，由前向后包肩于腋前或腋后，与燕尾底边打结。双肩包扎法如图3-28所示。

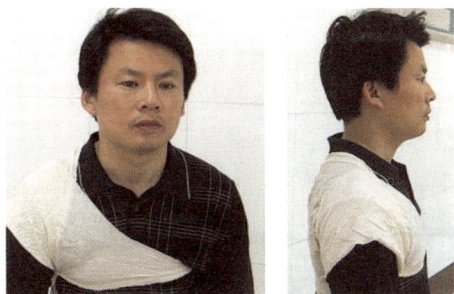

（a）　　　　　　（b）

图3-27　单肩包扎法

（a）单肩包扎正面；（b）单肩包扎侧面

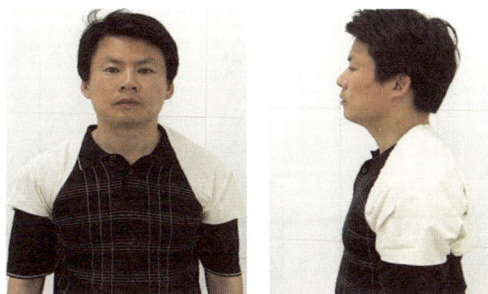

（a）　　　　　　（b）

图3-28　双肩包扎法

（a）双肩包扎正面；（b）双肩包扎侧面

3. 胸（背）部包扎

背部包扎方法与胸部相同，只是把燕尾巾调到背部即可。胸部包扎法如图3-29所示，其操作步骤是：

（1）将伤口覆盖敷料。

（2）三角巾折叠成燕尾式，燕尾夹角约100°。

（3）置于胸前，夹角对准胸骨上凹。

（4）两燕尾角过肩于背后。

（5）将燕尾顶角系带围胸与底边在背后打结。

（6）将一燕尾角系带拉紧绕横带后上提，再与另一燕尾角打结。

4. 腹部包扎

腹部包扎分腹部正面包扎和侧腹部包扎。

（1）腹部正面包扎。腹部正面包扎的具体操作步骤是：①将伤口覆盖敷料；

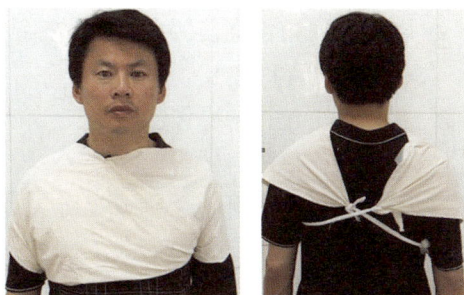

（a）　　　　　　（b）

图3-29　胸部包扎法

（a）胸部包扎正面；（b）胸部包扎后面

83

②三角巾底边向上，顶角向下横放在腹部；③两底角围绕到腰部后面打结；④顶角系带由两腿间拉向后面与两底角连接处打结固定。腹部正面包扎如图 3-30（a）所示。

（2）侧腹部包扎。侧腹部包扎的具体操作步骤是：将三角巾折叠成燕尾夹角约 60° 朝下，大片置于侧腹部，压住后面小片，其余操作方法与单侧臀部包扎相同。侧腹部包扎如图 3-30（b）所示。

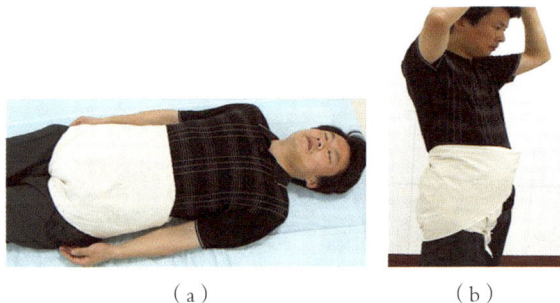

（a）   （b）

图 3-30　腹部包扎

（a）腹部正面包扎；（b）侧腹部包扎

5. 单侧臀部包扎

单侧臀部包扎的操作步骤是：

（1）将伤口覆盖敷料。

（2）三角巾折叠成燕尾式，燕尾夹角约 60° 朝下对准外侧裤线。

（3）伤侧臀部的后大片压住前面的小片。

（4）顶角与底边中央分别过腹腰部到对侧打结。

（5）两底角包绕伤侧大腿根部打结。

6. 手（足）包扎

手（足）包扎的操作步骤是：

（1）将伤口覆盖敷料。

（2）三角巾展开，手指或足趾尖指向三角巾的顶角，手掌或足平放在三角巾的中央，如图 3-31（a）所示。

（3）指缝或趾缝间插入敷料，将三角巾顶角折回，盖于手背或足背，再沿手或足两侧折回如图 3-31（b）所示。

（4）三角巾两底角分别围绕到手背或足背交叉，再在腕部或踝部围绕一圈后在手背或足背打结，如图 3-31（c）所示。

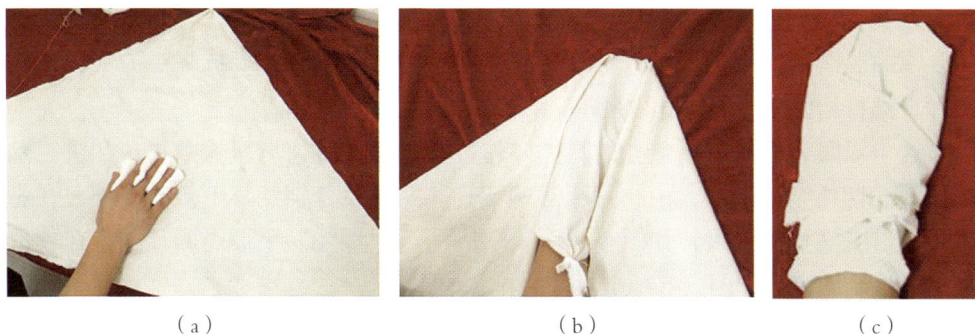

（a）　　　　　　　　　（b）　　　　　　　　　（c）

图 3-31　手部包扎

（a）伤手平放于三角巾中央；（b）三角巾顶角折回，盖于手背；（c）腕部绕一圈后打结

7. 膝部（肘部）带式包扎

膝部（肘部）带式包扎的操作步骤是：

（1）将伤口覆盖敷料。

（2）将三角巾折叠成适当宽度的带状。

（3）将中段斜放于伤部，两端向后缠绕，返回时分别压于中段上下两边，如图 3-32（a）所示。

（4）包绕肢体一周打结，如图 3-32（b）所示。

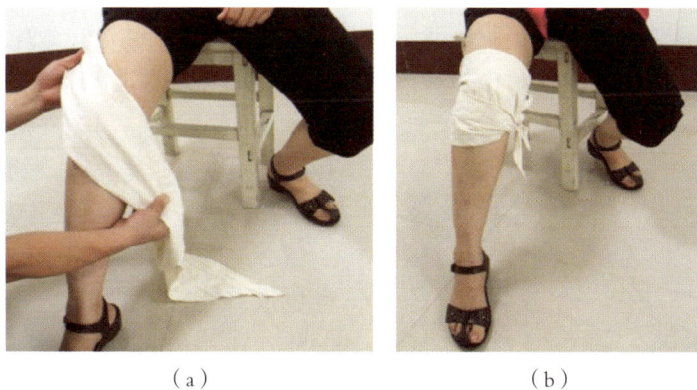

（a）　　　　　　　　　　　　（b）

图 3-32　膝部带式包扎

（a）三角巾中段斜放于伤部；（b）包绕肢体一周打结

8. 眼部包扎

眼部包扎分单眼包扎和双眼包扎。

（1）单眼包扎。单眼包扎的具体操作步骤是：①将伤口覆盖敷料；②将三角

巾折叠成四指宽的带状，斜置于眼部；③从伤侧耳上绕至枕后，在耳下反折，如图 3-33（a）所示；④经过健侧耳上拉至前额与另一端交叉反折绕头一周，于伤侧耳上端打结固定，如图 3-33（b）所示。

（2）双眼包扎。双眼包扎的具体操作步骤是：①将伤口覆盖敷料；②将三角巾折叠成四指宽的带状，中央置于后颈部；③两底角分别经耳下拉向眼部，在鼻梁处左右交叉抱紧两眼，如图 3-34（a）所示；④呈"8"字形经两耳上方在枕部交叉后打结固定，如图 3-34（b）所示。

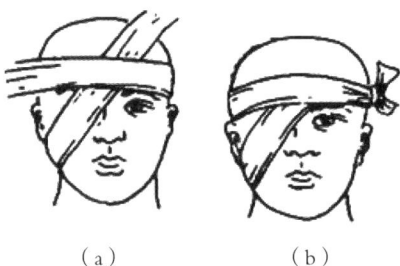

（a）　　　　　　（b）　　　　　　（a）　　　　　　（b）

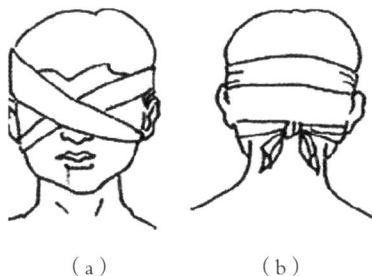

图 3-33　单眼包扎　　　　　图 3-34　双眼包扎

（a）三角巾斜置于眼部后反折；（b）绕头　　（a）三角巾交叉抱紧双眼；（b）"8"

后打结固定　　　　　　　　　　字形交叉后打结固定

9. 悬臂带

（1）小悬臂带。用于锁骨、肱骨骨折及上臂、肩关节损伤，如图 3-35（a）所示。其制作方法为：三角巾折叠成适当宽带；中央放在前臂的下 1/3 处，一底角放于健侧肩上，另一底角放于伤侧肩上并绕颈与健侧底角在颈侧方打结；将前臂悬吊于胸前。

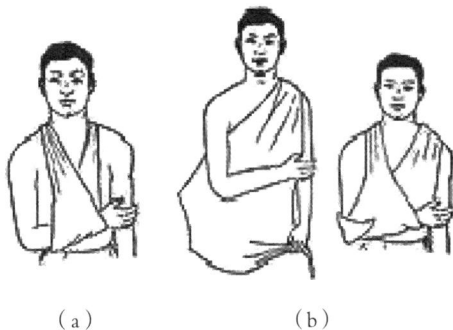

（a）　　　　　　（b）

图 3-35　悬臂带

（a）小悬臂带；（b）大悬臂带

（2）大悬臂带。用于前臂、肘关节的损伤，如图 3-35（b）所示。其制作方法为：①三角巾折叠成适当宽带；②中央放在前臂的下 1/3 处，一底角放于健侧肩上，另一底角放于伤侧肩上并绕颈与健侧底角在颈侧方打结；③将前臂悬吊于胸前。

复习思考题 ❓

1. 现场包扎的目的是什么？
2. 现场包扎要点及注意事项有哪些？
3. 尼龙网套、创可贴包扎各适用于哪些场合？
4. 绷带包扎方法有哪些？各适用于哪些场合？各如何进行包扎？
5. 绷带包扎时应注意什么？
6. 三角巾包扎方法有哪些？
7. 头顶帽式包扎适用于哪些场合？如何进行包扎？
8. 如何进行三角巾肩部包扎？
9. 如何进行三角巾胸（背）部包扎？
10. 如何进行三角巾腹部包扎？
11. 如何进行三角巾单侧臀部包扎？
12. 如何进行三角巾手（足）包扎？
13. 如何进行三角巾膝部（肘部）带式包扎？
14. 如何进行三角巾眼部包扎？
15. 如何制作使用大、小悬臂带？

课题四　骨折的现场固定技术

【培训目的】

1. 正确理解骨折的概念及其分类。
2. 熟练掌握骨折的一般特征和特有特征。
3. 熟练掌握骨折现场固定的目的和一般要求。
4. 熟练掌握锁骨、肱骨、肱骨髁上、前臂、股骨干、小腿、膝盖、颈椎、胸腰椎、骨盆骨折的症状及其现场固定方法。

【培训知识点】

1. 骨折的概念。
2. 骨折的分类。
3. 骨折的一般特征和特有特征。
4. 骨折的并发症。
5. 骨折现场固定的目的。
6. 骨折现场固定的一般要求。
7. 锁骨、肱骨、肱骨髁上、前臂、股骨干、小腿、膝盖、颈椎、胸腰椎、骨盆骨折的症状。

【培训技能点】

1. 锁骨骨折的现场固定操作。
2. 肱骨骨折的现场固定操作。
3. 肱骨髁上骨折的现场固定操作。
4. 前臂骨折的现场固定操作。
5. 股骨干骨折的现场固定操作。
6. 小腿骨折的现场固定操作。
7. 膝盖骨折的现场固定操作。
8. 颈椎骨折的现场固定操作。

9. 胸腰椎骨折的现场固定操作。

10. 骨盆骨折的现场固定操作。

　　骨折现场固定是创伤现场急救的一项基本任务。正确良好的固定能迅速减轻伤者疼痛，减少出血，防止损伤脊髓、血管、神经和内脏等重要组织，也是伤者搬运的基础，有利于转运后的进一步治疗。

一、骨折概述

（一）骨折的分类

　　成人由 206 块大小、形状不同的骨头通过关节连接，构成人体坚硬的骨架。正常情况下，人体的骨头是很坚硬的，但当身体受到外力猛烈撞击、扭转、弯曲和过分牵拉时，使骨头的连续性、完整性受到破坏而发生骨折。骨折可根据骨折后是否与外界相通、骨折的程度和形态、骨折端稳定程度进行分类。

　　1. 根据骨折后是否与外界相通分

　　（1）闭合性骨折。骨折断端与外界不相通，骨折处皮肤未破损，受伤部位可能出现严重的肿胀或瘀血。

　　（2）开放性骨折。骨折断端与外界相通，骨折局部皮肤破裂损伤，骨折端暴露在空气中。骨折处的创口可由刀伤、枪伤由外向内形成，亦可由骨折端刺破皮肤或黏膜从内向外所致。

　　2. 根据骨折的程度和形态分

　　（1）不完全性骨折。不完全性骨折就是骨头的完整性和连续性部分中断。不完全性骨折按其形态又可分为裂缝骨折、青枝骨折。

　　1）裂缝骨折。骨质发生裂隙，无移位，多见于颅骨、肩胛骨等。

　　2）青枝骨折。多见于儿童，骨质和骨膜部分断裂，可有成角畸形，有时成角畸形不明显，仅表现为骨皮质劈裂，因与青嫩树枝被折断时相似而得名。

　　（2）完全性骨折。完全性骨折就是骨头的完整性和连续性全部中断。完全性骨折按骨折线的方向及其形态可分为横骨折、斜骨折、螺旋骨折、粉碎性骨折、嵌插骨折、压缩骨折、凹陷性骨折。

　　1）横骨折。骨折线与骨干纵轴接近垂直，如图 3-36（a）所示。

　　2）斜骨折。骨折线与骨干纵轴呈一定角度，如图 3-36（b）所示。

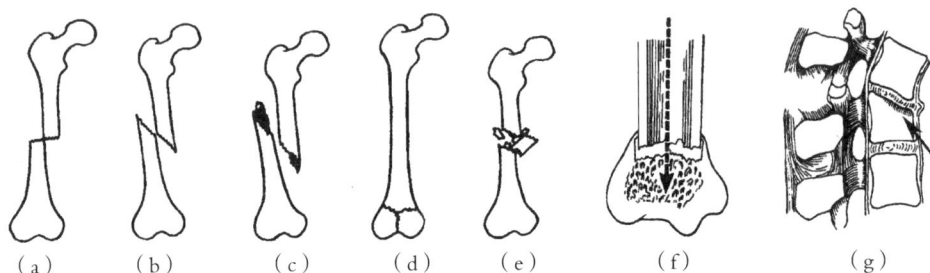

图 3-36 完全性骨折类型

（a）横骨折；（b）斜骨折；（c）螺旋骨折；（d）T形骨折；（e）Y形骨折；
（f）嵌插骨折；（g）压缩骨折

3）螺旋骨折。骨折线呈螺旋状，如图 3-36（c）所示。

4）粉碎性骨折。骨质碎裂成三块以上。骨折线呈 T 形或 Y 形者又称为 T 形或 Y 形骨折，如图 3-36（d）、（e）所示。

5）嵌插骨折。骨折片相互嵌插，多见于干骺端骨折，即骨干的坚质骨嵌插入骺端的松质骨内，如图 3-36（f）所示。

6）压缩性骨折。骨质因压缩而变形，多见于松质骨，如脊椎骨和跟骨，如图 3-36（g）所示。

7）凹陷性骨折。骨折片局部下陷，多见于颅骨。

3. 根据骨折端稳定程度分

（1）稳定性骨折。骨折端不易移位或复位后不易再发生移位者，如裂缝骨折、青枝骨折、横骨折等。

（2）不稳定性骨折。骨折端易移位或复位后易再移位者，如斜形骨折、螺旋形骨折、粉碎性骨折等。

（二）骨折的判断

1. 骨折的一般特征

（1）疼痛。剧痛，伤处有压痛点，移动加剧。

（2）肿胀。血管破裂出血，软组织损伤导致肿胀。

（3）功能障碍。骨折处活动受限。如上肢骨折时不能屈伸、握拳等。

2. 骨折的特有特征

（1）畸形。骨折段移位可使患肢外形发生改变，主要表现为缩短、成角或旋转畸形。

（2）异常活动。正常情况下肢体不能活动的部位，骨折后出现不正常的活动。

（3）骨擦音或骨擦感。骨折后，两骨折端相互摩擦时，可产生骨擦音或骨擦感。

具有以上三种骨折特有体征之一者，即可诊断为骨折。值得注意的是，有些骨折可能不出现上述三种典型的骨折特有体征，如裂缝骨折等。

（三）骨折并发症

发生骨折后，断裂或变形的骨头会对周围的组织或重要内脏器官造成损伤，从而产生并发症。

1．导致休克

严重创伤，骨折引起大出血或重要器官损伤导致伤者休克。

骨折所致的休克主要原因是严重的开放性骨折后大量出血。不同的人、不同部位骨折的出血量各不相同，如图3-37所示为人体不同骨折部位的出血量。从图中可以看出，骨盆骨折、股骨骨折和多发性骨折，其出血量大者可达2000mL以上。

2．产生脂肪栓塞综合症

脂肪栓塞综合症发生于成人，是由于骨折处髓腔内血肿张力过大，骨髓被破坏，脂肪滴入破裂的静脉窦内，引起肺、脑脂肪栓塞。

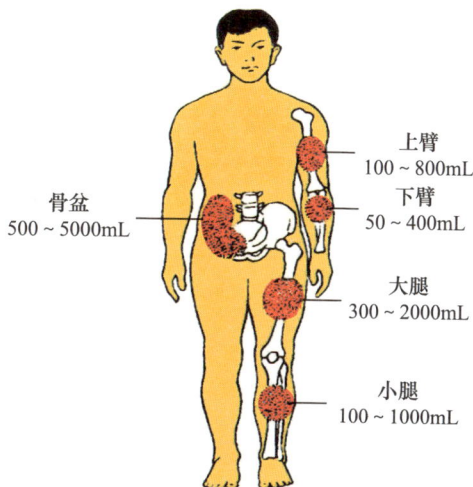

图3-37　人体不同骨折部位的出血量

3．造成重要内脏器官损伤

（1）肝、脾破裂。严重的下胸壁损伤，除可致肋骨骨折外，还可能引起左侧的脾和右侧的肝破裂出血，导致休克。

（2）肺损伤。肋骨骨折时，骨折端可使肋间血管及肺组织损伤，而出现气胸、血胸或血气胸，引起严重的呼吸困难。

（3）膀胱和尿道损伤。由骨盆骨折所致，引起尿外渗所致的下腹部、会阴疼痛、肿胀以及血尿、排尿困难。

（4）直肠损伤。可由骶尾骨骨折所致，而出现下腹部疼痛和直肠内出血。

4．重要周围组织损伤

（1）重要血管损伤。常见的有股骨髁上骨折，远侧骨折端可致腘动脉损伤；胫骨上段骨折的胫前或胫后动脉损伤；伸直型肱骨髁上骨折，近侧骨折端易造成肱动脉损伤。如图 3-38 所示为肱骨髁上骨折损伤肱动脉。

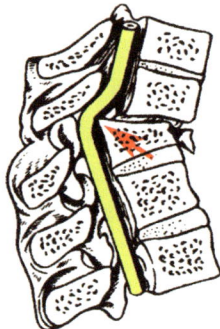

（2）周围神经损伤。特别是在神经与其骨紧密相邻的部位，如肱骨中、下 1/3 交界处骨折极易损伤紧贴肱骨行走的桡神经；腓骨颈骨折易致腓总神经损伤。

（3）脊髓损伤。为脊柱骨折和脱位的严重并发症，多见于脊柱颈段和胸腰段，出现损伤平面以下的截瘫，如图 3-39 所示。

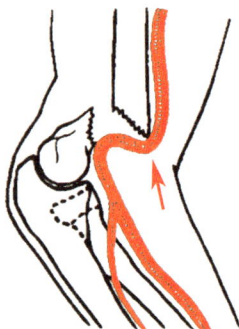

图 3-38　肱骨髁上骨折
损伤肱动脉

图 3-39　脊柱骨折脱
位时损伤脊髓

二、骨折现场固定的目的

（1）减少骨折端的活动，减轻患者疼痛。

（2）避免骨折端在搬运过程中对周围组织、血管、神经进一步受损。

（3）减少出血和肿胀。

（4）防止闭合性骨折转化为开放性骨折。

（5）便于搬运、转送。

三、骨折现场固定的材料

骨折固定的材料有颈托（见图 3-40）、脊柱板和头部固定器（见图 3-41）、夹板（见图 3-42）、绷带等。不同的骨折部位，使用不同的固定材料。如颈椎骨折用颈托固定、脊柱骨折用脊柱板固定、四肢骨折用夹板固定等。现场可就地取材现场制作固定材料，如用报纸、毛巾、衣物等卷成卷，从颈后向前围于颈部，制成颈套；用杂志、硬纸板、木板、床板、树枝等作为临时夹板。

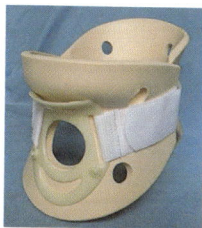

图 3-40 颈托

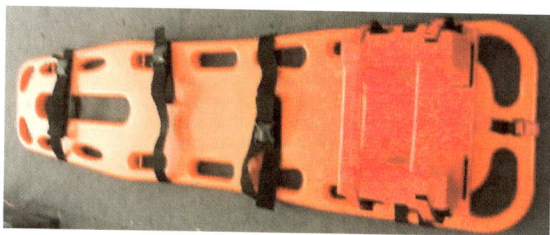

图 3-41 脊柱板和头部固定器

图 3-42 夹板

四、骨折现场固定的一般要求

（1）首先检查意识、呼吸、脉搏及处理严重出血。

（2）开放性骨折先要处理伤口、止血、包扎后再固定。

（3）凡疑有骨折者，均应按骨折固定。闭合性骨折者，急救时不必脱去伤肢的衣裤和鞋袜，以免过多地搬动伤肢，增加痛苦。若伤肢肿胀重，可用剪刀将伤肢衣袖或裤脚剪开，以减轻压迫。

（4）发现骨折，先用手握住折骨两端，轻巧地顺着骨头牵拉，避免断端互相交叉，然后再上夹板。骨折有明显畸形，并有穿破软组织或损伤附近重要血管、神经的危险时，可适当牵引伤肢，使之变直后再行固定。骨断端暴露在外时，不要拉动，不要将其送回伤口内，不要涂抹药物。

（5）夹板的长短、宽窄，应根据骨折部位的需要来决定。夹板的长度要超过骨折处上下相邻的两个关节。木棍、竹枝、枪杆等代用品在使用时要包上棉花、布块等，以免夹伤皮肤。

（6）四肢骨折时，先固定骨折的上端，再固定下端，绷带不要系在骨折处。

（7）夹板与皮肤、关节、骨突出部位之间要加衬垫，固定时操作要轻。

（8）固定时要暴露肢体末端，以便观察血液循环。若出现苍白、发凉、青紫、麻木等现象，说明固定太紧，应重新固定。

五、各类骨折的现场固定

（一）锁骨骨折的现场固定

锁骨骨折常见于车祸或摔伤。

1. 症状

锁骨变形、疼痛、肿胀，肩部活动时疼痛加重。伤者本能地将头偏向伤侧肩膀。

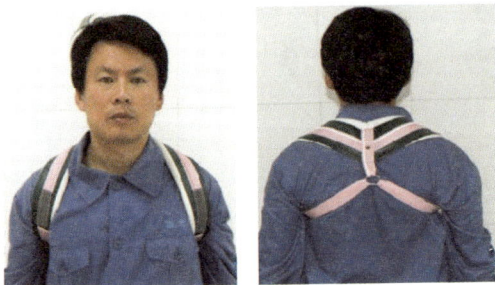

（a）　　　　　（b）

图3-43　锁骨带固定

（a）正面；（b）背面

2. 现场固定处理

锁骨骨折时应尽量减少对骨折部位的刺激，以免损伤锁骨下血管。

（1）锁骨带固定。伤者坐位，双肩向后中线靠拢，安放锁骨带固定，如图3-43所示。

（2）前臂悬吊固定。如果现场没有锁骨固定带，现场可不做锁骨带固定，只用三角巾屈肘位悬吊上肢即可，如无三角巾可用围巾代替，或用自己衣襟反折固定。

（二）上肢骨折的现场固定

上肢骨折因直接或间接暴力所致，常见于重物撞击、挤压、打击和扑倒。

上肢或前臂骨折均可用木夹板固定，固定前有创口者须预先妥善包扎。夹板长度要超越断骨的两端关节，垫衬垫后用绷带或布带固定夹板与伤肢，并用三角巾或布带悬吊。

1. 肱骨骨干骨折

（1）症状。上臂肿胀、瘀血、疼痛，活动时出现畸形，上肢活动受限制。

（2）现场固定处理。

1）夹板固定。上臂放衬垫，然后放后侧夹板，再放前侧，最后放内、外侧夹板，最后用四条绷带或2~3条三角巾固定，如图3-44所示。由于桡神经紧贴肱

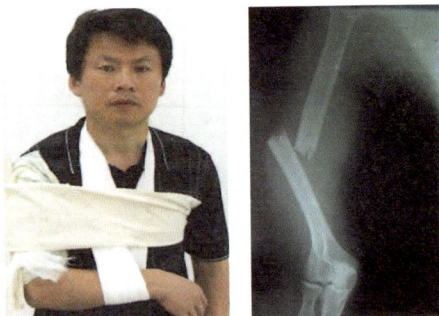

（a）　　　　　（b）

图3-44　肱骨骨干骨折夹板固定

（a）肱骨骨干骨折固定；（b）肱骨骨折造影图

骨干，固定时骨折部位要加厚垫保护以防止桡神经损伤（桡神经负责支配整个上肢的伸肌功能，一旦受损，便不能伸肘，不能抬腕和手指伸直有障碍）。同时肘部要弯曲，悬吊上肢。如果现场没有夹板等固定物，可用三角巾将上臂固定在身体上，方法是将三角巾叠成宽带后通过上臂骨折部位绕过胸前和胸后在对侧打结固定，同样上臂也要悬吊在胸前，指端露出，检查末梢循环。

2）纸板固定。现场如没有木板或夹板，可用纸板、杂志、书本代替。将纸板或杂志的上边剪成弧形，将弧形的边放于肩部包住上臂。用纸板固定，可起到暂时固定作用，固定后同样屈肘位悬吊前臂，指端露出，检查末梢循环。

3）躯干固定。现场无夹板或其他可利用物时，则用三角巾折叠成宽带或用宽带通过上臂骨折上、下端，绕过胸廓在对侧打结固定，同样屈肘位悬吊前臂，指端露出，检查末梢循环。

2. 肱骨髁上骨折

（1）症状。骨折后局部肿胀，畸形，肘关节半屈位。肱骨髁上骨折位置低，接近肘关节，局部有肱动脉，尺神经以及正中神经，容易损伤。

（2）现场固定处理。肱骨髁上骨折现场不宜用夹板固定，直接用三角巾或围巾等固定于躯干，指端露出，便于检查末梢循环。

3. 前臂骨折

（1）症状。前臂骨折分桡骨骨折、尺骨骨折和桡尺骨双骨折。活动时有假关节运动，显现畸形。

（2）现场固定处理。前臂骨折对血管神经损伤机会不大。可用小夹板或用上下两块木板固定，肘部弯曲90°悬吊在胸前，如图3-45所示。现场也可用书本垫在前臂下方直接吊起前臂，指端露出，检查末梢循环。

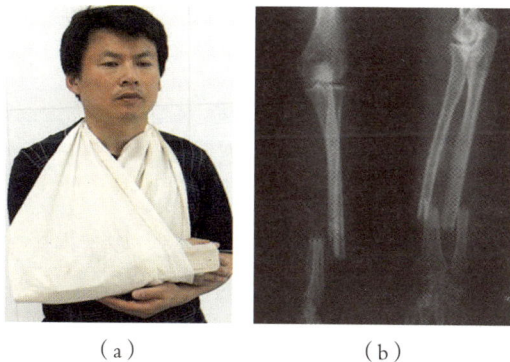

（a）　　　　　　　（b）

图 3-45　前臂固定

（a）前臂骨折固定；（b）前臂骨折造影图

（3）固定流程。①将上肢轻放于功能位，如图3-46（a）所示；②置夹板超过肘腕关节，并在骨突处加垫，如图3-46（b）所示；③用绷带依次固定骨折上下端，如图3-46（c）所示；④检查末梢血运，如图3-46（d）所示；⑤用三角巾悬吊前臂，如图3-46（e）所示。

（a）　　　　　　　　（b）　　　　　　　　（c）

（d）　　　　　　（e）

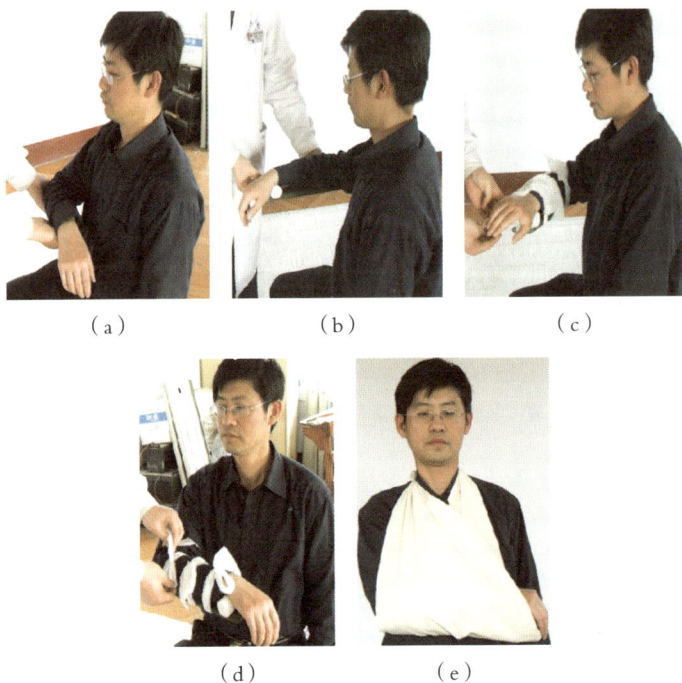

图3-46　前臂骨折固定流程

（a）上肢放于功能位；（b）放置夹板和衬垫；（c）固定骨折上下端；
（d）检查末梢血运；（e）三角巾悬吊前臂

（三）下肢骨折的现场固定

下肢骨折常见于车祸、高空坠落及重物砸伤，常伴有大出血、休克。

1. 股骨干骨折

股骨干粗大，只有巨大暴力如车祸等才能导致股骨干骨折。

（1）症状。损伤大时出血多，易出现休克。骨折后大腿肿胀、疼痛、变形或缩短。

（2）现场固定处理。

1）木板固定。①在受伤处和膝关节、踝关节骨突出部位放上棉垫保护，空隙的部位用柔软物品填充；②如果有条件，可用一块长木板从伤侧腋窝下到脚后跟，一块短木板从大腿根内侧到脚后跟，同时将另一条腿与伤肢并拢；③用7条宽带固定（现场可用三角巾、腰带、布带等制作），先固定骨折断面的上下两端，再从上往下固定腋下、腰部、髋部、小腿及踝部，踝部用"8"字形包扎法固定，趾端露出；④检查末梢血液循环；⑤用5条宽带从上往下将受伤处的上下端、膝部、小腿和踝部与伤肢固定在一起。

2）宽带固定。①轻轻抬起伤肢与健肢并拢，如图 3-47（a）所示；②放好宽带，双下肢间加厚垫，如图 3-47（b）所示；③自上而下打结固定，检查肢体末端血液循环，如图 3-47（c）所示；④双踝关节"8"字形包扎法固定，如图 3-47（d）所示。

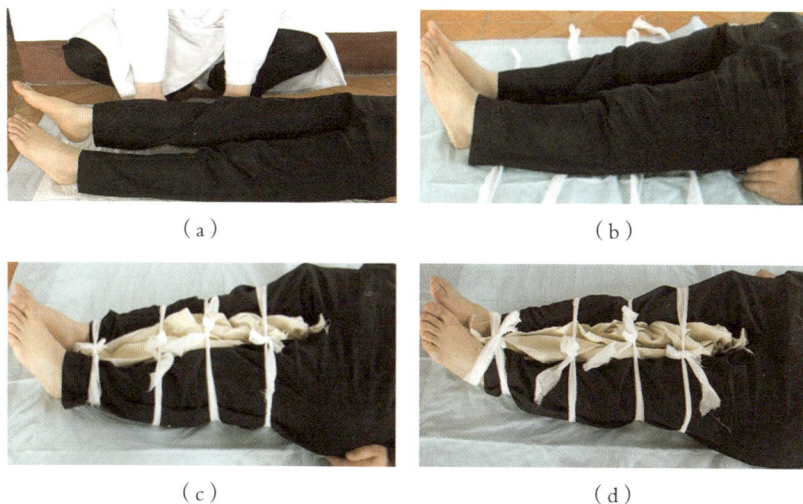

（a）

（b）

（c）

（d）

图 3-47　下肢宽带固定

（a）抬起伤肢与健肢并拢；（b）放置宽带；（c）打结固定；（d）双踝关节"8"字固定

2. 小腿骨折

（1）症状。小腿骨折处肿胀、变形、疼痛，骨折端刺破皮肤，出血。小腿骨折示意图如图 3-48 所示。

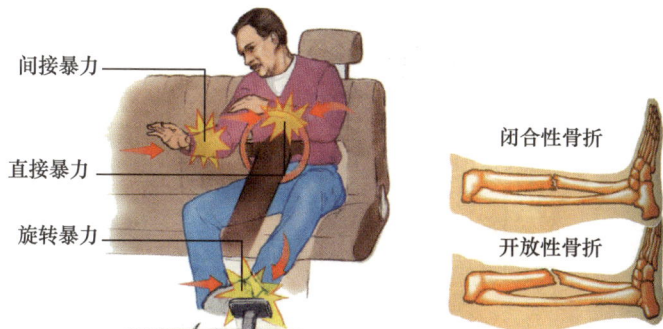

间接暴力

直接暴力

旋转暴力

闭合性骨折

开放性骨折

图 3-48　小腿骨折示意图

（2）现场固定处理。

1）夹板固定：①在骨折部位要加厚垫保护；②用夹板固定（用夹板固定时最好用五块夹板。如果只有两块木板则分别放在伤腿的内侧和外侧，如只有一块木板，就放在伤腿外侧或两腿之间，再用绷带或三角巾分别固定骨折上下端、膝上部、膝下部及踝部。踝部用"8"字形包扎法固定，趾端露出）；③检查末梢血液循环。

2）健肢固定。如果现场没有夹板，可将两条腿固定在一起。方法同股骨干骨折固定。

3. 膝盖骨折

膝盖骨折常见于重力摔倒、膝盖触地。现场在膝盖下方加软垫支撑，使膝盖微微弯曲，处于舒适体位，然后用毛巾等较柔软的物品包裹整个膝盖，用绷带进行"8"字形包扎法固定，以减轻肿胀。

（四）脊柱骨折的现场固定

脊柱骨折常见于高处坠落跌伤，交通意外撞伤，地震、坍塌的砸伤。脊柱的骨折可发生在颈椎和胸腰椎，骨折部位移位可压迫脊髓造成瘫痪。

1. 颈椎骨折

急刹车的瞬间，前排的乘客和司机均有可能发生颈椎骨折。

（1）症状。脊柱疼痛，头晕，浑身无力。严重者出现高位截瘫、大小便失禁，甚至窒息死亡。

（2）现场固定处理。

1）颈托固定法。分开颈托的两片，把前后两部分固定于颈部，如图3-49所示。伤者位于平卧位时，施救者双膝跪在伤者的头顶上方，双手牵引其头部处于中轴位后，再上颈托；伤者处于前倾坐位时，一名施救者位于伤者侧面，双前臂夹紧伤者的前胸后背，固定其颈部，另一面施救者位于伤者背后，用双手牵引伤者头部，确保恢复颈椎中轴位后，再上颈托。

2）木板固定。取长宽与伤者身高、肩宽相仿的木板，将伤者轻轻平移到木板上，并使伤者平卧在木板上，颈后枕部垫以软垫，头的两

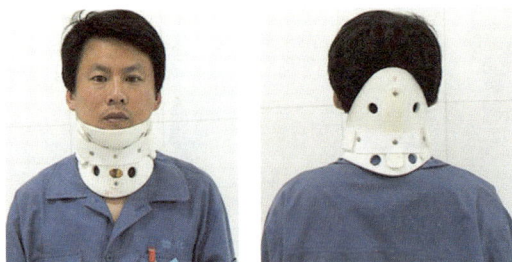

（a）　　　　　　　（b）

图3-49　颈托固定

（a）颈托固定正面图；（b）颈托固定背面图

旁放置软垫并将头部用绷带（或布带）固定在木板上，双手用绷带（或布带）固定放于胸前，双肩、骨盆、双下肢及足部用绷带（或布带）固定在木板上。

2. 胸腰椎骨折的固定

（1）症状。腰背疼痛，伴有双下肢感觉麻痹，运动障碍。

（2）现场固定处理。胸腰椎骨折与颈椎骨折现场固定处理的方法相同，但不用颈托。注意伤者要平卧在木板上，禁止伤者站立或坐位，不宜用高枕，要在腰部垫以软垫，使伤者感到舒适，没有压迫感，平整地搬运。

（五）骨盆骨折的现场固定

骨盆骨折常见于高空坠落、摔伤时臀部着地。

（1）症状。臀部局部剧痛或麻木、肿胀，不能走路。

（2）现场固定处理。

1）应根据全身情况，首先对休克及各种危及生命的合并症进行处理。

2）伤者置仰卧位、屈膝并拢以减轻疼痛，双膝下方放置软垫。

3）以宽阔绷带或宽布带包扎骨盆，暂时固定，或使用骨盆布兜。用绷带或宽布带包扎时从臀后向前包绕骨盆，捆扎牢固后在腹部打结固定，如图 3-50 所示。骨盆肚兜的做法是选用一块床单或现场能找到的布料，平整地围绕于骨盆周围，用钳子夹紧固定或捆扎于骨盆前方。

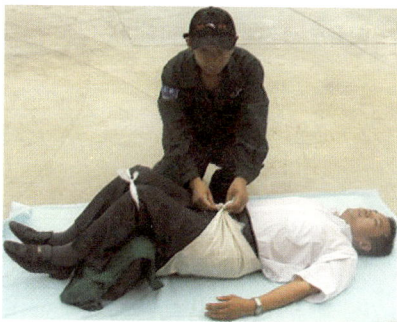

图 3-50　骨盆骨折的现场固定

4）双膝间加垫后用宽带固定。

复习思考题

1. 根据骨折后是否与外界相通，骨折分哪几类？
2. 根据骨折的程度和形态，骨折分哪几类？
3. 根据骨折端稳定程度，骨折分哪几类？
4. 骨折的一般特征是什么？
5. 骨折的特有特征是什么？
6. 骨折并发症有哪些？
7. 骨折现场固定的目的是什么？

8. 骨折固定的材料有哪些？

9. 骨折现场固定的一般要求是什么？

10. 锁骨骨折的症状有哪些？现场如何固定？

11. 肱骨骨干骨折的症状有哪些？现场如何固定？

12. 肱骨髁上骨折的症状有哪些？现场如何固定？

13. 前臂骨折的症状有哪些？现场如何固定？

14. 股骨干骨折的症状有哪些？现场如何固定？

15. 小腿骨折的症状有哪些？现场如何固定？

16. 膝盖骨折的症状有哪些？现场如何固定？

17. 颈椎骨折的症状有哪些？现场如何固定？

18. 胸腰椎骨折的固的症状有哪些？现场如何固定？

19. 骨盆骨折的症状有哪些？现场如何固定？

课题五　创伤的现场搬运技术

☑【培训目的】

1. 正确理解伤员搬运护送的目的和搬运体位。
2. 熟练掌握伤员徒手搬运的方法及其适用场合。
3. 正确理解伤员担架搬运的注意事项。
4. 掌握担架的种类及用途。
5. 熟练掌握脊柱（脊髓）损伤、骨盆骨折、颅脑损伤、胸部伤、腹部伤的搬运方法。
6. 熟练掌握休克、呼吸困难、昏迷伤者的搬运方法。
7. 正确理解搬运者的搬运姿势和提抬技术。
8. 正确理解伤员搬运的注意事项。

☑【培训知识点】

1. 伤员搬运护送的目的。
2. 伤员搬运的体位。
3. 伤员徒手搬运的方法及其适用场合。
4. 伤员器械搬运的方法及其适用场合。
5. 担架的种类及用途。
6. 伤员担架搬运的注意事项。
7. 搬运者的搬运姿势和提抬技术。
8. 伤员搬运的注意事项。

☑【培训技能点】

1. 扶行法、背驮法、抱持法、双人搭椅法、双人拉车法徒手搬运的操作。
2. 床单、被褥、椅子搬运的操作。
3. 四人搬运的操作。
4. 三人搬运的操作。
5. 半蹲位和全蹲位抬起的操作。

伤者在现场经过初步的紧急处理后的转运送院过程中，规范、正确的搬运技术是保证伤者安全的关键技术。

一、搬运护送的目的

（1）使伤者脱离危险区，实施现场救护。
（2）尽快使伤者获得专业医疗。
（3）防止损伤加重。
（4）最大限度地挽救生命，减轻伤残。

二、搬运体位

1. 仰卧位

对所有重伤者，均可以采用这种体位。它可以避免颈部及脊椎的过度弯曲，从而防止椎体错位的发生；对腹壁缺损的开放伤的伤者，当伤者喊叫屏气时，肠管会脱出，让伤者采取仰卧屈曲下肢体位，可防止腹腔脏器脱出。

2. 侧卧位

在排除颈部损伤后，对有意识障碍的伤者，可采用侧卧位。以防止伤者在呕吐时，食物吸入气管。伤者侧卧时，可在其颈部垫一枕头，保持中立位。

3. 半卧位

对于仅有胸部损伤的伤者，常因疼痛、血气胸而致严重呼吸困难，宜采用半卧位。在腰椎损伤及休克时，可以采用这种体位，以利于伤者呼吸。

4. 俯卧位

对胸壁广泛损伤、出现反常呼吸而严重缺氧的伤者，可以采用俯卧位，以压迫、限制反常呼吸。

5. 坐位

坐位适用于胸腔积液、心衰、呼吸困难伤者。

三、搬运方法

（一）徒手搬运

徒手搬运是指在搬运伤者过程中凭人力和技巧，不使用任何器具的一种搬运方法。该方法常适用于狭窄的阁楼和通道等担架或其他简易搬运工具无法通过的地方。此法虽实用，但对搬运者来说比较劳累，而且有时容易给伤者带来不利影响。徒手搬运的方法有扶行法、背驮法、抱持法、双人搭椅法和双人拉车法。

1. 扶行法

有一位或两位搬运者托住伤者的腋下，也可由伤者一手搭在搬运者的肩上，搬运者用一手拉住，另一手扶伤者的腰部，然后和伤者一起缓慢移步，如图 3-51 所示。

扶行法适用于病情较轻、能够站立行走的伤者。

2. 背驮法

搬运者先蹲下，然后将伤者上肢拉到自己胸前，使伤者前胸紧贴自己后背，再用双手托住伤者的大腿中部，使其大腿向前弯曲，搬运者站立后上身略向前倾斜行走，如图 3-52 所示。

图 3-51　扶行法　　　　图 3-52　背驮法

背驮法适用于一般伤者的搬运。呼吸困难的伤者（如患有心脏病、哮喘、急性呼吸窘迫综合症等）和胸部创伤者不宜用此法。

图 3-53　抱持法

3. 抱持法

搬运者一手抱住伤者的后背上部，另一手从伤者膝盖下将伤者抱起，伤者双手或单手搭在搬运者肩上，如图 3-53 所示。

抱持法适用于不能行走且体重较轻的伤者。

4. 双人搭椅法

两个搬运者站立于伤者的两侧，然后两人弯腰，搬运者右手紧握自己的左手手腕，左手紧握另一搬运者的右手手腕，形成口字形，如图 3-54（a）、图 3-54（b）所示；或者搬运者各用一手伸入伤者大腿下方相互十字交叉紧握，另一手彼此交替支持伤者背部。这两种不同的握手方法，都因类似于椅状而得名。此法要点是两人的手必须握紧，移动脚步必须协调一致，且伤者的双臂必须搭在两个搬运者的肩上，如图3-54（c）所示。

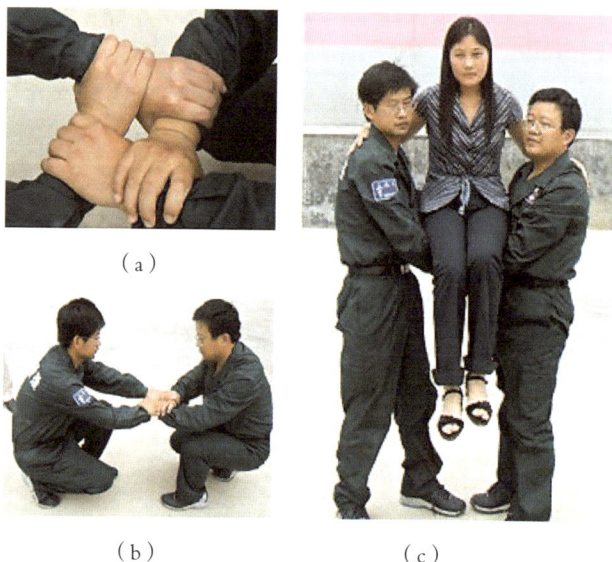

（a）

（b）

（c）

图3-54　双人搭椅法

（a）双手口字握法；（b）施救者取蹲位；
（c）伤员双臂搭在搬运者肩上

5. 双人拉车法

一个搬运者站在伤者的头侧，两手从伤者腋下抬起，将其头部抱在自己胸前，另一搬运者面向前蹲在伤者两腿中间，同时夹住伤者的两腿，两人步调一致地慢慢将伤者抬起，如图3-55所示。

图3-55　双人拉车法

（二）器械搬运

器材搬运是指用担架（包括软担架、移动床、轮式担架等）或者因陋就简利用床单、被褥、竹木椅等作为搬运器械（工具）的一种搬运方法。

1. 担架搬运

（1）担架的用途。担架是一种最基本的伤者搬运工具，能将伤者快速转运到救治场所，是现代战争和各类应急救援工作中必备的卫生装备，它对提高伤者生存率和救援队伍战斗力起着重要作用。

（2）担架的种类。随着科学技术的进步，转运担架得到了飞速的发展，从普通的简易担架到功能完善的智能担架，其种类繁多、名字各异，按其结构、功能、材科特征可将其分为简易担架、通用担架、特种用途担架、智能担架等。以下主要介绍简易担架、通用担架和特种用途担架。

1）简易担架。简易担架是在缺少担架或担架不足的情况下，就地取材临时制作的担架。一般采用两根结实的长杆物配合毛毯、衣物等结实的织物制成临时担架，用以应付紧急情况下的伤者转运，如图3-56所示为常见几种简易担架。其中，图3-56（a）为用椅子做成的坐式简易担架；图3-56（b）为木板做成的简易担架；图3-56（c）为床单做成的简易担架；图3-56（d）为上衣做成的简易担架；图3-56（e）为床单做成的肩抬简易担架。

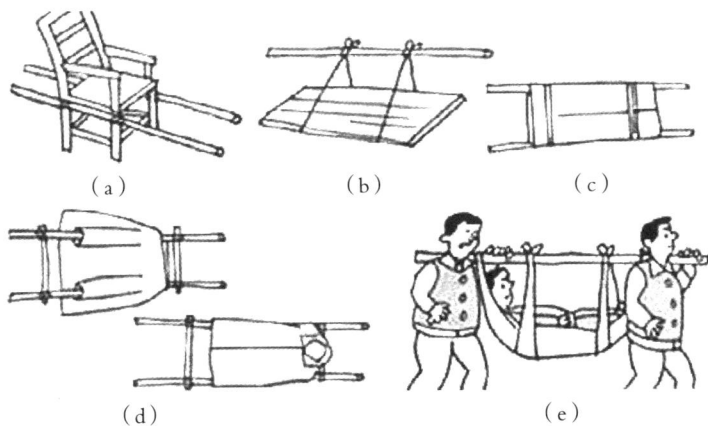

（a）　　　　　　　　（b）　　　　　　　　（c）

（d）　　　　　　　　（e）

图3-56　各种简易担架示意图

（a）椅子担架；（b）木板担架；（c）床单担架；
（d）上衣担架；（e）床单肩抬担架

2）通用担架。通用担架采用统一制式规格，由担架杆、担架面、担架支脚、横支撑以及有关附件组成，能够在不同伤者间互换使用。担架杆采用铝合金材料，担架面采用聚乙烯涂层，质量较轻，容易洗涤，外形包括直杆式、两折式和四折式。直杆式担架适用于大型救护所及医院；两折式担架适用于阵地抢救；四折担架适用于特种部队。通用担架与不同运输工具结合，作为伤者运送载体，能适应不同伤者搬运或长途运输后送需求。图3-57为铲式担架图，图3-58为车载折叠担架。

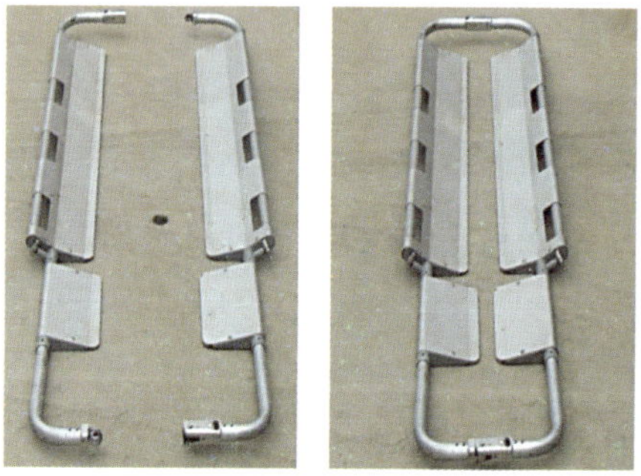

（a）　　　　　　（b）

图 3-57　铲式担架

（a）组合前；（b）组合后

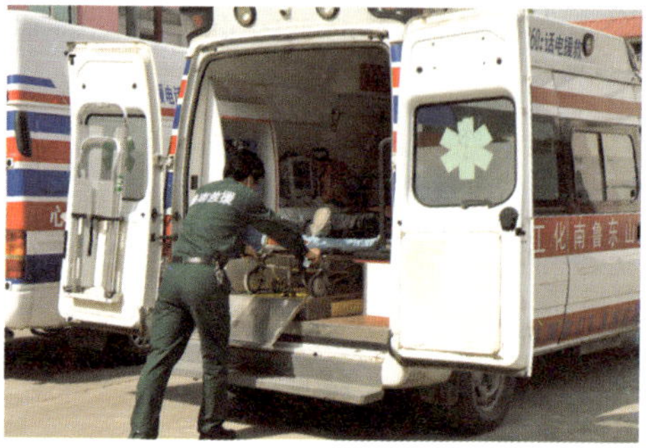

图 3-58　车载折叠担架

3）特种用途担架。特种用途担架是针对不同气候、地形、作战条件和伤者伤情特点而设计的担架，主要有山岳丛林担架、海上急救担架、雪地沙漠担架等。我国研制特种担架较晚，形成制式的特种担架还不多见，主要以各基层单位自行研制的各种改制担架为主，如海上救生漂浮担架、野战轻便担架、泡沫成型担架、真空固定式担架、背携折叠轮式担架等。

目前我国大多数住宅的楼道狭窄，高层建筑虽有电梯，但难以容纳平放的普通担架或轮式担架，给搬运伤者带来了困难。

（3）担架搬运注意事项。

1）对不同伤情的伤者要用不同的体位搬运。

2）伤者抬上担架后必须扣好安全带，以防止翻落（或跌落）。

3）伤者上下楼梯时应尽量保持水平状态，必须倾斜时应保持头高位。

4）担架上车后应当固定，伤者应保持头朝前脚向后的体位。

2. 床单、被褥搬运

床单、被褥搬运是遇有狭窄楼梯道路、担架或其他搬运工具难以搬运、徒手搬运会因天气寒冷使伤者受凉的情况下所采用的一种方法。

床单、被褥搬运的步骤为：取一条牢固的被单（被褥，毛毯也可以），把一半平铺在床上，将伤者轻轻的搬到被单上，然后把另一半盖在伤者身上，露出头部（俗称半垫半盖），搬运者面对面抓紧被单两角，保持伤者脚前头后（上楼者相反）的体位缓慢移动。这种搬运方式会使伤者肢体弯曲，故胸部创伤、四肢骨折、脊柱损伤以及呼吸困难等伤者不能用此法。应强调的是，目前软担架已逐渐被院前急救机构使用，所以提倡专业急救机构应用软担架替代上述搬运方式。

3．椅子搬运

楼梯比较窄和陡直时，可以用固定的竹木椅子搬运。伤者取坐位，并用宽带将其固定在椅背上，两位施救者一人抓住椅背，另一人抓握椅脚，搬运时向椅背方向倾斜45°，缓慢的移动脚步，如图3-59所示。一般的说，失去知觉的患者不宜用此法。

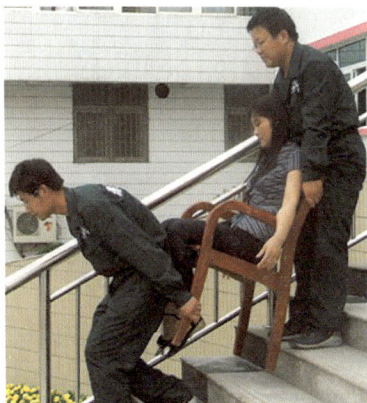

图3-59　椅子搬运

（三）危重伤者的搬运方法

1．脊柱、脊髓损伤者的搬运

脊柱、脊髓损伤或疑似脊柱、脊髓损伤的伤者，在确定性诊断治疗前，均按脊柱损伤原则处理。

脊柱、脊髓损伤者搬运时，不可任意搬运或扭曲其脊柱部。严禁背、抱或两人抬，如图3-60所示。

脊柱、脊髓损伤的搬运采用四人搬运法。其方法步骤是：

（1）一人在伤者的头部，双手掌抱于头部两侧纵向牵引颈部，有条件时戴上颈托。

（2）另外三人在伤者的同一侧（一般为右侧），分别在伤者的肩背部、腰臀部、膝踝部，双手掌平伸到伤者的对侧，如图3-61（a）所示。

（3）四人单膝跪地，同时用力，保持脊柱为中立位，平稳的将伤者抬起，放在脊柱板或木板上，头部固定，如图3-61（b）所示。

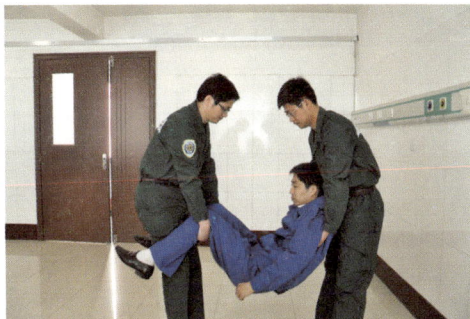

图3-60　脊柱骨折错误搬运方法

（4）6~8根固定带将伤者固定在脊柱板或木板上。

2．骨盆骨折者的搬运

骨盆骨折的搬运采用三人搬运法。其方法步骤是：

（1）先固定伤者的骨盆。

（2）三名施救者位于伤者的同一侧。一人位于伤者的胸部，一人位于腿部，一人在中间专门保护骨盆，如图3-62（a）所示。

（3）双手平伸，单膝跪地，三人同时用力，抬起伤者放于硬板担架或木板上，如图3-62（b）所示。

（4）头部、双肩、骨盆、膝部用宽布带固定于或木板担架上，防止途中颠簸和转动。

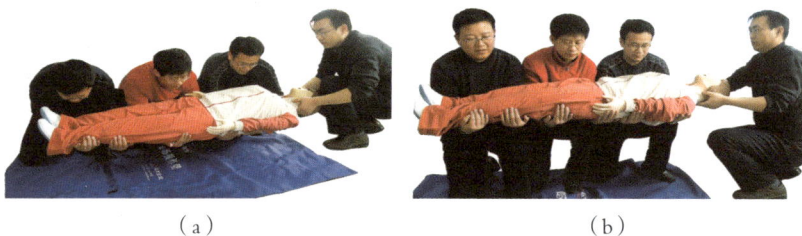

（a）   （b）

图3-61　四人搬运法

（a）三人在同一侧，一人在头部；（b）四人同时用力平稳抬起

（a）   （b）

图3-62　三人搬运法

（a）施救者分别位于胸部、腿部、骨盆位置；（b）三人同时用力抬起伤者

3. 颅脑损伤者的搬运

颅脑损伤者常有脑组织暴露和呼吸道不畅等表现。搬运时应使伤者采取半仰卧位或侧卧位，以保持呼吸道通畅；脑组织暴露者，应保护好其脑组织，并用衣物、枕头等物将伤者头部垫好，以减轻震动。同时要注意，颅脑损伤者常合并颈椎损伤。

4. 胸部伤者的搬运

胸部受伤者常伴有开放性血气胸，需先进行包扎。搬运已封闭的气胸伤者时，以坐椅式搬运为宜，伤者取坐位或半卧位。有条件时最好使用坐式担架、折叠椅或能调整至靠背状的担架。

5. 腹部伤者的搬运

腹部伤者取仰卧位，下肢屈曲，以防止腹腔脏器受压而脱出，脱出的肠管要包扎，不要回纳。此类伤者宜用担架或木板搬运。

6. 休克伤者的搬运

休克伤者取平卧位，不用枕头，或取脚高头低位，搬运时用普通担架即可。

7. 呼吸困难伤者的搬运

呼吸困难伤者取坐位，不能背驮，使呼吸更通畅。用软担架（床单、被褥）搬运时注意不能使伤者躯干屈曲。如有条件，最好用折叠担架（或椅子）搬运。

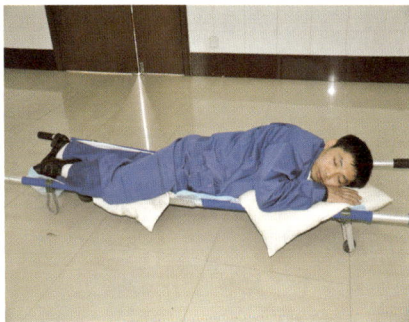

图 3-63　昏迷病人的搬运

8. 昏迷伤者的搬运

昏迷伤者咽喉部肌肉松弛，仰卧位易引起呼吸道阻塞，此类伤者宜采用平卧位并使头转向一侧或采用侧卧位，以便呕吐物或痰液污物顺着流出来，不致吸入。搬运时用普通担架或活动床，如图 3-63 所示。

四、搬运者的搬运姿势和提抬技术

搬运者正确的搬运姿势和提抬技术，对保护搬运者的自身健康十分重要。

1. 保持正确的提抬姿势

提抬担架时，应该用腿部、背部和腹肌的力量。背部和腹肌同时收缩时，背部就会"锁"在正常的前凸位，使整个提抬过程中脊柱处于前凸位。在升高或降低担架和伤者时，腰、背部及大腿正处于工作状态，担架或伤者离搬运者越远，搬运者肌肉的负荷就越大。因此，提抬时应使担架和伤者尽量与自己靠近。

2. 搬运时互相协调

当担架和伤者总质量大于 30kg 时，应由两人提抬，并尽可能将其放在轮式担架上滚动，这样既可节省体力，又可减少受伤的机会。搬运者在提抬担架或伤者过程中，应用语言沟通并保持协调，尤其是当担架和伤者离地面小于 70cm 时要特别注意这一点。例如可同时喊"1、2、3，抬起"，以保持动作协调。

3. 安全抬起的两种类型

（1）半蹲位。膝或股四头肌弱的人可采用两膝呈部分弯曲的半蹲位抬起方式。方法是双足适当分开，然后背部及腹肌拉紧，使身体稍向前倾，重心在两脚中间或稍偏后，站立抬起时，背部也要稍向前倾，以保持双足平稳。若重心向后超过足跟，会造成不平衡，半蹲位抬起方式要求穿的鞋子要合适，鞋跟不能过高，在整个提抬过程中应使脚跟保持平稳。

（2）全蹲位。全蹲位有两种情况，一种是搬运者两腿均强壮，与半蹲位一样，全蹲位两腿适当分开，除下蹲的程度与半蹲位不同外（膝关节弯曲90°），其他同半蹲位；另一种是搬运者有一只脚的脚力稍弱或一条腿疼痛，此脚的位置应稍靠前，抬起时，重心要落在另一力量较强的腿上。

4. 上下楼梯的正确搬运

运送伤者上下楼梯时需要两人或多人合作。正确的方法是，保持脊柱前凸位，髋部弯曲而不是腰部弯曲，并使身体和手臂紧靠伤者。收紧腹肌，使膝向后倾斜，可以比较省力。这种技术虽然学习和应用起来比较困难，但可避免腰背部损伤。使用折叠椅运送伤者上下楼梯在力学上比担架更容易操作。

5. 移动床的正确推拉

（1）对移动床的轮子及轴承进行润滑保养，可使移动床易于移动。

（2）移动床的高度尽可能调节在腰和肩之间的位置。

（3）推时屈双膝，行走和用力的线路应在身体的中间位置，拉时身体稍向前倾，腿和腰背同时用力。

五、搬运注意事项

（1）搬运伤者之前先要检查伤者的生命体征和受伤部位，重点检查伤者的头部、脊柱、胸部有无外伤，特别是颈椎是否受到损伤。

（2）在人员、担架等未准备妥当时，切忌搬运。搬运体重过大和神志不清的伤者时，要考虑全面。防止搬运途中发生坠落、摔伤等意外。

（3）先止血、包扎、固定后搬运。四肢骨折时，由于骨折端比较锋利，容易刺破血管和刺伤毗邻的神经，前者损伤易出现致命的大出血，后者损伤易出现相应的肌肉和肢体的瘫痪。

（4）昏迷伤者要注意保持呼吸道通畅，防止窒息。

（5）搬运脊柱、脊髓损伤的伤者，要避免身体弯曲、扭转，平抬平放，并宜用平板担架和仰卧姿势。放在硬板担架上以后，必须将其身体与担架一起用三角巾或其他布类条带固定牢固，尤其颈椎损伤者，头颈部两侧必须放置沙袋、枕头、衣物等进行固定，限制颈椎各方向的活动，然后用三角巾等将前额连同担架一起固定，再将全身用三角巾等与担架固定在一起。

（6）搬运过程中，要时刻注意伤情的变化。重点观察呼吸、神志等。注意伤者保暖，但不要将伤者头面部包盖太严，以免影响呼吸。一旦在途中发生紧急情况，如面色苍白、呼吸停止、血压脉搏减弱、抽搐时，应暂停搬运，立即就地进行急救处理。

（7）在特殊的现场，应按特殊的方法进行搬运。火灾现场，在浓烟中搬运伤者，应弯腰或匍匐前进；在有毒气泄漏的现场，搬运者应先用湿毛巾掩住口鼻或使用防毒面具，以免被毒气熏倒。

复习思考题 ·🔅·

1. 伤员搬运护送的目的是什么？
2. 伤员搬运体位有哪几种？
3. 伤员搬运的方法有哪些？
4. 伤员徒手搬运的方法有哪些？各适用于哪些场合？各如何进行搬运？
5. 伤员担架搬运的注意事项是什么？
6. 担架有哪几种？各用在哪些场合？
7. 床单、被褥搬运的方法是什么？
8. 脊柱、脊髓损伤者如何搬运？
9. 骨盆骨折者如何搬运？
10. 颅脑损伤者如何搬运？
11. 胸部伤者如何搬运？
12. 腹部伤者如何搬运？
13. 休克伤者如何搬运？
14. 呼吸困难伤者如何搬运？
15. 昏迷伤者如何搬运？
16. 搬运者的搬运姿势和提抬技术有哪些？
17. 伤员搬运有哪些注意事项？

课题六　常见创伤的现场急救

【培训目的】

1. 熟练掌握常见头颅外伤、胸部创伤、腹部创伤的表现和现场处理方法。
2. 熟练掌握常见的关节脱位的表现和现场处理方法。
3. 正确理解骨折现场急救原则和注意事项。
4. 正确理解断肢保存的意义、处理和保存方法。
5. 熟练掌握常见皮肤损伤的处理方法。
6. 熟练掌握伴有大血管损伤伤口的现场处理方法。
7. 熟练掌握伤口异物的现场处理方法。
8. 熟练掌握压埋伤、挤压综合症的现场处理方法。
9. 正确理解悬吊综合症的概念和现场处理方法。

【培训知识点】

1. 常见头颅外伤、胸部创伤、腹部创伤的表现和现场处理方法。
2. 常见的关节脱位的表现和现场处理方法。
3. 骨折现场急救原则和注意事项。
4. 断肢保存的意义和处理方法。
5. 常见皮肤损伤的处理方法。
6. 伴有大血管损伤伤口的现场处理方法。
7. 伤口异物的现场处理方法。
8. 压埋伤、挤压综合症的现场处理方法。
9. 悬吊综合症的概念和现场处理方法。

【培训技能点】

1. 离体断肢的保存。
2. 伤口深部异物的现场处理。
3. 脚踏朝天钉的现场急救处理。

4. 肘关节脱位的自救处理。

5. 悬吊抛绳自救操作。

6. 悬吊绞绳上升操作。

7. 可调辅助脚踏带的使用操作。

一、头颅外伤的现场急救

（一）头皮损伤

头皮损伤包括头皮擦伤、头皮挫伤、头皮裂伤、头皮血肿（皮下血肿、帽状腱膜下血肿、骨膜下血肿）和头皮撕脱伤等。

1. 表现

头皮血管丰富，故损伤时出血量多而且止血时间长。

2. 现场急救处理

（1）对伤口直接加压包扎止血。

（2）若无颈椎损伤，可抬高头部减少出血。

（3）撕脱的头皮应与伤者一起送医院。

（4）头皮血肿早期冷敷、加压包扎，感染时切开引流。

（二）颅骨骨折

颅骨是一个近似球状体，具有保护颅内脑组织的作用，当外力超过这种承受能力时就会造成颅骨骨折。颅骨骨折包括颅盖骨骨折（线形骨折、凹陷骨折）、颅底骨折（颅前窝骨折、颅中窝骨折、颅后窝骨折）。

1. 表现

（1）骨折处有头皮肿胀、血肿、出血。

（2）单或双眼周围皮下瘀血，出现"熊猫眼"特征。

（3）脑脊液漏，表现为从鼻孔或外耳道有清亮的液体流出。

（4）伤者有不同程度的意识障碍。

2. 现场急救处理

（1）采取头略高卧位。

（2）颅底骨折时，伤者有耳鼻溢液或流血，流出的液体颜色呈淡红色或清亮色，此时千万不要用棉花、卫生纸堵塞鼻孔或外耳道，由于流出的是脑脊液，是颅底骨折脑膜破裂所致，堵塞不能阻止脑脊液的外溢，重要的是若用不洁物品堵塞，会导致感染或感染扩散到颅内。

（3）密切观察生命体征的变化，迅速送入医院。

（三）颅脑损伤

1. 脑震荡

脑震荡是颅脑最轻微的损伤，以中枢神经功能障碍为主。

（1）表现。有头部受外伤史，伤后有昏迷但30min内清醒，有逆行性遗忘即对受伤当时所有情况都记不清楚。

（2）现场急救处理。卧床休息，保持镇静。

2. 脑挫裂伤及脑干损伤

脑挫裂伤是脑组织、神经、血管器质性损伤；脑干损伤是脑组织严重的器质性损伤。

（1）表现。

1）脑挫裂伤。伤者有头部受外伤史，伤后昏迷时间在30min以上，有头痛、呕吐、视物不清等颅内压增高表现，有偏瘫、失语、尿崩等神经系统体征。

2）脑干损伤。脑干有挫裂、水肿、血肿、坏死现象，伤后立即昏迷并逐渐加重，早期发生呼吸循环功能障碍。

（2）现场急救处理。

1）颅脑外伤伴有呕吐者，要注意呼吸道的通畅，必要时给予插管。

2）对于开放性的颅脑损伤，要先给予包扎伤口，防止再污染，再做检查和处理。

3）观察生命体征的变化，给予正确处理。

4）给予减轻脑水肿、降低颅内压的治疗。

5）现场处理宜简单，迅速送医院。

二、胸部创伤的现场急救

（一）肋骨骨折

肋骨共24根，每侧12根，如图3-64所示。自上而下第1～第3根肋骨粗短，且前有锁骨、后有肩胛骨的保护，不易发生骨折；第4～第7根肋骨长而薄，最易骨折；第8～第10根肋骨前端肋软骨形成肋弓与胸骨相连，不易骨折；第11～第12根肋骨前端游离，弹性大不易骨折。

一根肋骨在两处折断时称为肋骨双骨折。多根肋骨双骨折可造成胸壁软化，呈现反常呼吸，又称为连枷胸，反常呼吸呼气时软化区胸壁内陷，吸气时软化区胸壁外突，如图 3-65 所示。

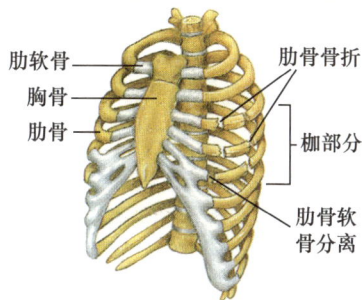

图 3-64　肋骨及其骨折　　　　图 3-65　反常呼吸

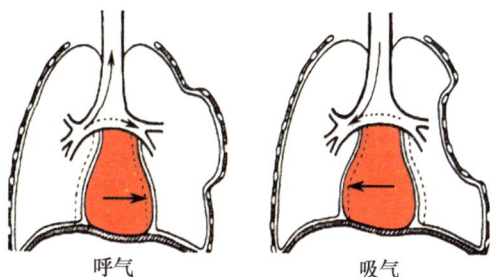

若发生骨折，应警惕腹内脏器和膈肌损伤。

1. 肋骨骨折表现

（1）胸部青紫、血肿。

（2）胸部剧烈疼痛。

（3）呼吸困难。

（4）开放性肋骨骨折伤口可能有气泡或发出"吱吱"声响。

2. 肋骨骨折现场急救处理

（1）单纯肋骨骨折，采用多条布带或弹性胸带固定胸廓。

（2）出现反常呼吸时，用厚层敷料垫放在软化的胸壁上并加压包扎。

（3）开放性肋骨骨折，伤口盖上清洁敷料并密封，做全胸或单胸包扎。

（二）外伤性气胸

1. 闭合性气胸

闭合性气胸是空气由伤口进入胸膜腔后伤口闭合，多见于闭合性胸部损伤。小量气胸时肺压缩小于 15%；中量气胸时肺压缩 15%～60%；大量气胸时肺压缩大于 60%。

（1）闭合性气胸表现。少量气胸只有疼痛；中量气胸有胸痛、胸闷、呼吸困难、皮下气肿或呈鼓音；大量气胸严重呼吸困难，伤侧呼吸音减弱或消失。

（2）闭合性气胸现场急救处理。少量气胸无需特殊治疗。中量和大量气胸需进行胸腔闭式引流术，紧急时可行胸腔穿刺术。应紧急送医院治疗。

2. 开放性气胸

胸膜腔经伤口与外界大气相通后，胸膜腔的负压消失，伤侧的肺被完全受压

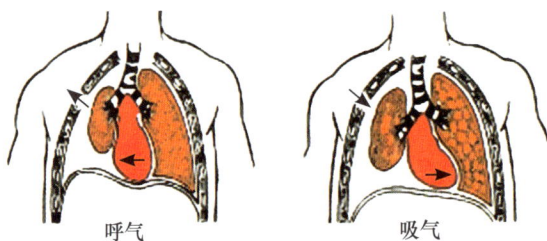

呼气　　　　　　　　吸气

图 3-66　开放性气胸

萎陷，纵隔因受胸腔内压的变化而来回摆动；胸腔负压消失，使静脉回流受阻，心排血量下降，如图 3-66 所示。

（1）开放性气胸表现。患者烦躁不安，呼吸困难，脉搏细速，血压下降；胸壁可见与胸腔相通的开放的伤口，随呼吸运动可听到空气通过伤口时所发出的"嘶嘶"的声音。

（2）开放性气胸现场急救处理。立即封闭胸壁伤口，变开放性气胸为闭合性气胸；用大块无菌纱布、棉垫压塞伤口，外加胶布固定，再用绷带加压包扎。

3. 张力性气胸

胸部穿透伤、肺或支气管损伤时，创口周围组织形成单向活瓣，造成吸气时活瓣开放，呼气时活瓣关闭，空气不能排出，因而使胸膜腔内空气越来越多，压力持续增高，形成张力性气胸。

（1）张力性气胸表现。胸部外伤后，患者短时间内出现严重的呼吸困难，表现为鼻翼翕动，呼吸急促，大汗淋漓，烦躁不安，血压下降，甚至昏迷；皮下气肿，伤侧呼吸音消失、气管和心脏向健侧移位。

（2）张力性气胸现场急救处理。迅速用粗针头穿刺胸膜腔减压，并外接单项活瓣装置，也可在针柄外接剪有小口的柔软塑料袋、气球等；在伤侧锁骨中线第 2 肋间安置胸腔闭式引流管引流；立即封闭包扎胸部创口。

（三）外伤性血胸

胸部外伤时，出血量在 500mL 以内为小量血胸；出血量在 500～1500mL 为中量血胸；出血量超过 1500mL 则为大量血胸。

1. 外伤性血胸表现

小量血胸时无明显的失血症状；中量血胸时出现面色苍白、呼吸困难、血压下降；大量血胸时出现严重的呼吸和循环紊乱，大量出血引起休克。

2. 外伤性血胸现场急救处理

（1）单纯性血胸时，进行胸腔穿刺或胸腔闭式引流术，清除胸腔内积血，使肺及时复张。

（2）胸腔少量出血，症状轻微，有伤口者给予包扎后转送医院。

（3）胸腔大量活动性出血，症状较重且在输液抗休克治疗的情况下立即转送医院。

三、腹部创伤的现场急救

腹部创伤在平时以交通事故及工矿机械意外损伤所致的腹部闭合伤为主。

1. 腹部创伤表现

（1）单纯腹壁损伤的症状和体征一般较轻，常有局部的疼痛和皮下瘀血。

（2）腹腔内实质脏器（肝、脾）破裂主要为内出血休克的表现。

（3）腹腔内空腔脏器（胃、肠）破裂主要为疼痛、腹膜炎的表现。

（4）腹壁、肠系膜、横膈的损伤既非出血又不是腹膜炎，主要是腹部疼痛的表现。

（5）腹部外伤后胃肠道损伤出现恶心、呕吐、便血、气腹的表现。

（6）腹部外伤后泌尿及脏器损伤出现排尿困难、血尿、会阴部疼痛的表现。

（7）膈面腹膜刺激表现（同侧肩部牵涉痛）者，提示上腹部脏器损伤，其中以肝和脾的破裂较为多见。

2. 腹部创伤现场急救处理

（1）当发现腹部有伤口时，应立即给予包扎。

（2）对有内脏脱出者，不可随意回纳入腹腔，以免污染腹腔。

（3）对脱出的内脏，先用急救包或大块敷料遮盖，然后用消毒碗盖住脱出的内脏并包扎。

（4）如果脱出的肠管有嵌顿可能，可将伤口扩大，将肠管送回腹腔以免缺血坏死。

（5）脱出的内脏如有破裂，可在破口处用钳子夹住，将钳子一并包扎在敷料内。

（6）转送时体位应是平卧，膝与髋关节处于半屈曲状，以减少腹肌紧张所致的痛苦；转运途中应给予输液、吸氧等治疗并严密观察生命体征的变化。

（7）注意不要除去有黏性的异物，不要拔出刺入腹腔的刀、箭等异物；不能给予口服药、止痛药、兴奋药；不能进食、喝水，以防有胃肠穿孔者加重污染。

四、关节脱位的现场急救

正常关节至少包括两个骨端，相邻两骨的关节面呈一凸一凹的对合关系，关节可以产生运动，如屈、伸、收、展运动。

关节脱位时，构成关节的上下两个骨端失去了正常的位置，关节发生移位，并造成关节辅助结构的损伤破坏而致功能失常。外伤性脱位多见于肩、髋、肘、下颌关节。

（一）关节脱位表现

1. 一般表现

（1）关节疼痛，局部压痛。

（2）关节肿胀、瘀斑。

（3）关节功能障碍。

2. 特有畸形体征

（1）关节脱位处明显畸形。患肢可出现旋转、内收或外展、变长或缩短。

（2）弹性固定。脱位后由于肌肉韧带牵拉，患肢处于异常位置，活动时感弹性阻力。

（3）关节盂空虚。脱位后可摸到空虚的关节盂，移位的骨端可在临近的异常位置触及。

（二）关节脱位现场急救要求

（1）救护者如不熟悉脱位的整复技术，不要贸然试行复位，以免增加伤者的痛苦，甚至使组织受伤加重。此时，可固定在原有位置保持安定，局部做冷敷，然后送医院治疗。

（2）如一般脱位，救护者能够复位，也可在现场进行。复位原则是放松局部肌肉，按损伤时的作用力向反方向牵引，首先拉开，然后旋转，用力不要过猛，复位后用绷带固定。

（三）各种关节脱位的现场急救

1. 肩关节脱位

（1）肩关节脱位表现。肩关节脱位患者感觉肩关节疼痛剧烈，不能自如活动，头部倾斜；或检查时发现患者肩部肿胀，肱骨头从喙突下脱出，肩部失去原来的圆浑轮廓，而出现方肩畸形，患者如用另一只手去触摸，会发现肩盂处有明显的空虚感。此外，患者患肢的肘部紧贴胸壁时，手掌不能搭到对侧肩部，或手掌搭到对侧肩部时，肘部无法贴近胸部，这些都是肩关节脱位患者所特有的体征，一般容易辨认。

（2）肩关节脱位现场急救处理。肩关节脱位后的复位，就是使已脱出的肩关节头回纳到原来的关节窝里。肩关节复位后尚须固定。如单纯肩关节脱位，只要将患肢呈 90°，用三角巾悬吊于胸前，一般 3 周即可。如果患者关节囊破损明显，或肩周肌肉被撕裂，则应将患肢手掌搭在对侧肩部，肘部贴近胸壁，用绷带固定在胸壁上。

2. 肘关节脱位

（1）肘关节脱位表现。受伤后伤者表现为肘关节肿胀、疼痛、畸形明显，前臂缩短，肘关节周径增粗，肘前方可摸到肱骨远端，肘后可触到尺骨鹰嘴，肘关节弹性固定于半伸位，大约 45°。肘部变粗，上肢变短，鹰嘴后突显著。肘后三角失去正常的关系。后脱位时，可合并正中神经或尺神经损伤。在全身各关节脱位中，肘关节脱位最为多见。

（2）肘关节脱位现场急救处理。发生肘关节脱位时，如果无救助者，伤者本人根据肘关节的伤情判断是否关节脱位，不要强行将处于半伸位的伤肢拉直，以免引起更大的损伤。可用健侧手臂解开衣扣，将衣襟从下向上兜住伤肢前臂，系在领口上，使伤肢肘关节呈半屈曲位固定在前胸部，再前往医院接受治疗。如果有人救助，若施救者对骨骼不十分熟悉，不能判断关节脱位是否合并骨折时，不要轻易实施肘关节脱位法来复位，以防损伤血管和神经，可用三角巾将伤者的伤肢呈半曲位悬吊固定在前胸部，送往医院即可。

3. 髋关节脱位

髋关节由股骨头和髋臼构成，髋臼深而大，能容纳股骨头大半部分，周围有坚强的韧带及肌肉保护，结构稳固。

髋关节脱位多为直接暴力所致，常见为后脱位，偶有前脱位和中心脱位。髋关节屈曲或屈曲内收时暴力从膝部向髋部冲击，股骨头穿出后关节囊，造成后脱位。前脱位也可合并髋臼骨折，不做 X 线摄片会漏诊。

（1）髋关节脱位表现。

1）髋关节脱位表现为髋部疼痛、关节功能障碍明显。

2）肿胀不明显。

3）患侧下肢呈屈曲、内收、内旋和缩短畸形。

4）臀部可触及脱出的股骨头，大粗隆上移。

5）部分伤者可合并坐骨神经损伤。

（2）髋关节脱位现场急救处理。髋关节脱位一般不宜在现场复位，应尽快转运至医院治疗。

五、骨折的现场急救

（一）骨折现场急救原则

1. 抢救生命

骨折现场急救的首要原则是抢救生命。如发现伤者心跳、呼吸已经停止或濒于停止，应立即进行胸外心脏按压和人工呼吸；昏迷伤者应保持其呼吸道通畅，及时清除其口咽部异物；处理危及生命的情况。

2. 伤口处理

开放性骨折伤者伤口处可有大量出血，一般可用敷料加压包扎止血。严重出血者使用止血带止血，应记录开始的时间和所用的压力。伤口立即用消毒纱布或干净布包扎伤口，以防伤口继续被污染。伤口表面的异物要取掉，若骨折端已戳出伤口并已污染，但未压迫血管神经，不应立即复位，以免污染深层组织。可待清创术后，再行复位。

3. 简单固定

骨折现场急救时的固定是暂时的。因此，应力求简单而有效，不要求对骨折准确复位；开放性骨折有骨端外露者更不宜复位，而应原位固定。若在包扎时，骨折端自行滑入伤口内，应作好记录，以便在清创时进一步处理。急救现场可就地取材，如木棍、板条、树枝、手杖或硬纸板等都可作为固定器材，其长短以固定住骨折处上下两个关节为准。如找不到固定的硬物，也可用布带直接将伤肢绑在身上，骨折的上肢可固定在胸壁上，使前臂悬于胸前；骨折的下肢可同健肢固定在一起。

4. 必要止痛

骨折后，强烈的疼痛刺激可引起休克，因此应给予必要的止痛药。如口服止痛片，也可注射止痛剂，如吗啡 10mg 或杜冷丁 50mg。但有脑、胸部损伤者不可注射吗啡，以免抑制呼吸中枢。

5. 安全转运

经以上现场救护后，应将伤者迅速、安全地转运到医院救治。转运途中要注意动作轻稳，防止震动和碰坏伤肢，以减少伤者的疼痛；密切观察生命体征的变化。途中给予输液、吸氧等。

（二）骨折现场急救注意事项

（1）敷料覆盖外露骨及伤口。

（2）在伤口周围放置环形衬垫，绷带包扎。

（3）夹板固定骨折。

（4）出血要上止血带。

（5）开放性骨折禁止用水冲洗，不涂药物，保持伤口清洁。

（6）肢体如有畸形，可按畸形位置固定。

（7）临时固定的作用只是制动，严禁当场整复。

（8）骨折后千万不能乱揉捏。跌伤、摔伤造成骨折是常见的，有的人为减轻疼痛，习惯用手揉捏伤部。要知道，骨折后乱揉捏可能会造成十分严重的后果。

六、肢体离断伤的现场急救处理

（一）肢体断离的种类

1. 切割性断离

切割性断离是由锐器所造成，如切纸机、铣床、剪刀车、铡刀、利刀、玻璃和某些冲床等，创面较整齐。对于多刃性损伤，如飞轮、电锯、风扇、钢索、收割机等所造成的严重切割伤，截断面附近组织损伤较严重。

2. 辗轧性断离

辗轧性断离是由车轮或机器齿轮等钝器碾压所致。辗轧后仍有一圈辗伤的皮肤连接被轧断的肢体，表面看来似乎仍相连，实际上皮肤已被严重挤压，而且被压得很薄，失去活力，应视为完全性肢体断离。

3. 挤压性断离

挤压性断离是由笨重的机器、石块、铁板或由搅拌机及重物挤压所致。断离平面不规则，组织损伤严重，常有大量异物挤入断面与组织间隙中，不易去净。

4. 撕裂性断离

撕裂性断离是肢体被连续急速转动的机器皮带、滚筒（如车床、脱粒机等）或电动机转轴卷断而引起。

5. 爆炸性高温断离

爆炸性高温断离是由于肢体被炸成若干碎块，肢体残缺不齐，或因高热而使蛋白质凝固。

（二）肢体断离的程度

1. 完全性断离

断离肢体的远侧部分完全离体，无任何组织相连，称为完全性断离。

2．大部断离

肢体局部组织绝大部分已断离，并有骨折或脱位残留有活力的相连软组织少于该断面软组织总量的 1/4，主要血管断裂或栓塞，肢体的远侧无血液循环或严重缺血，不接血管将引起肢体坏死者，称之为大部断离。

（三）断肢保存的意义

断肢正确保存的最大意义是为断肢再植做准备，打下一个好的基础。肢体意外离断损伤，早期处理得当，可以最大限度地保留功能，处理不当，可导致伤口感染、组织坏死、疤痕形成、关节僵硬、血运不良等，并且增加了后期治疗的困难，最后导致肢体功能的部分或大部分丧失。

（四）断肢的现场处理

1．处理断肢

（1）若离体断肢仍在机器中，应立即停止机器转动，设法折开机器或将机器倒转，取出离体断肢。如有大的骨块脱出，应同时包好，与伤者一同送医院，不能丢弃。

（2）伤者断肢残端用清洁敷料加压包扎，以防大出血。断肢残端如有活动性出血，应首先止血。一般说完全断离的血管回缩后可自行闭塞，采用加压包扎、夹板固定就能止血。对搏动性活跃出血用止血钳止血时，不可钳夹组织过多，以免造成止血困难。对于不能控制大出血而必须用止血带者，可考虑用止血带止血，但要标明上止血带时间，并每小时应放松 1 次，放松时应用手指压住近侧的动脉主干，以减少出血。

2．保存离体断肢

离体的断肢在常温下可存活 6h 左右，在低温下则可保存更长时间。所以一旦发生肢体离断损伤，应迅速将离体断肢用无菌或清洁的敷料包扎好，放入塑料袋内。冬天可直接转送，在炎热的夏天，可将塑料袋放入加盖的容器内，外围加冰块保存。若有条件，则干燥低温保存最佳。将离断下来的肢体用消毒纱布包裹，放入干净的塑料袋中，将袋口扎紧，在塑料袋的周围置冰块或冰棍等降温。如图 3-67 所示为断手保存法。保存时要注意：①要防止任何液体渗入离断肢体的创面；②不可

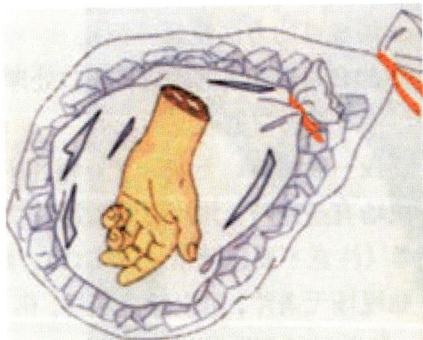

图 3-67　断手保存法

高温保存离断的肢体，因为离断肢体加温保存后，加速组织细胞的新陈代谢，缩短组织细胞的生命，影响再植的成功；③不要让断肢与冰块直接接触，以防冻伤；④不要用任何液体浸泡断肢，更不允许放入酒精和消毒液中，否则组织细胞将发生严重破坏，失去再植条件。

3. 迅速安全地转运

在伤者发生严重休克时，应首先及时处理休克，以防止转运途中发生生命危险。伤者在转送途中，骨折断端的尖角，因重力的牵拉、运输工具的震动、肢体的扭转，均有可能加重损伤重要的血管或神经。因此，在转运前，应就地取材，利用现有的木板、竹条等，将伤肢做适当固定，以防在转运中发生新的损伤，也可减轻伤者的痛苦。

4. 防止伤口的污染

应用清洁的（最好是消毒过的）纱布或干净的布类，将伤口尽早包扎起来，以达到伤口隔离、减少污染的目的。但不要将伤口置于不清洁的水（包括河沟水）中去洗刷，以免污染伤口和增加伤者痛苦。除非断肢污染严重，一般不需冲洗，以防加重感染。同时要向医院提供准确的受伤时间、经过和现场情况。

七、皮肤损伤的现象急救处理

（一）切割伤的急救处理

遇到锐器切割伤时，先用清洁布或手帕等压迫伤口止血，压迫片刻若出血停止，使伤口合拢恢复原样，估计伤口的深度以及有无内脏损伤。若出血不止，伤口裂开并能见深部组织就必须到医院治疗。

手指是最常见的切割伤部位，如伤口有油污等用清洁的水或肥皂洗净，然后用双氧水等消毒剂仔细清洗和消毒，盖上消毒的敷料纱布再用绷带包扎止血。手包扎时应将手指尖外露，以便随时观察末梢血运，皮肤色泽。

（二）刺伤的急救处理

刺伤一般污染轻，如果未伤及重要血管与内脏，一般治愈较快。但刺伤内脏可引起体腔内大量出血、穿孔，刺入心脏可立即致死。

1. 刺伤的表现

刺伤的特点是伤口小而深，可直达深部体腔而只有很小的皮肤损伤。

2. 常见的刺伤类型及处理

（1）利器、金属片、钢筋等刺入体内，绝对不可盲目拔出。盲目拔出可致一部分刺入物断在体内或增加出血或能使内脏伤加重，应使伤者静卧，用卷起的毛巾在伤口周围垫好并固定，马上送医院。

（2）脚踏朝天钉扎伤在工地和田间劳动中时有发生。铁钉扎伤虽然伤口很小，但可能很深，加之铁钉很脏，甚至已经生锈，细菌可能被带入组织内。由于伤口小，部位深，引流不畅，很容易发生感染。如果是化脓性细菌感染，就会引起蜂窝组织炎或者深部脓肿；如果是破伤风杆菌感染，严重时有生命危险。所以，铁钉扎伤后，要及时进行处理。其处理方法如下：

1）受伤后应马上拔出铁钉，并用两只手用力挤压伤口处，把污血尽可能挤干净，让细菌随着污血排出来，以减少感染的机会。

2）可以用碘酒、酒精彻底消毒伤口周围的皮肤，如果伤口比较大，伤口内可以用双氧水或灭菌生理盐水冲洗干净。

3）包扎伤口。

4）去医院注射破伤风抗毒素免疫血清，防止发生破伤风感染。

（三）挫伤的现场急救处理

1. 挫伤的表现

当钝器作用于体表的面积较大但其力的强度又不足以造成皮肤的破裂，而又能使其下的皮下组织、肌肉和小血管甚至内脏损伤，表现为伤部肿胀、疼痛和皮下瘀血，严重者可发生肌纤维撕裂、深部血肿和内脏器官破裂。如果致伤暴力呈螺旋方向活动则引起捻挫伤，其损伤程度更重。

2. 挫伤的现场急救处理

挫伤后，如果皮肤完整，无破损，可浸泡在冷水中或用冷毛巾做冷敷，有条件也可将冰块敲碎，装在一个布套中，做局部冷敷。冷敷的目的是使毛细血管收缩，减轻局部充血、组织肿胀及皮下瘀血，有止血作用；可抑制组织细胞的活动，提高局部组织的接触痛阈，降低神经末梢的敏感性，有止痛作用；还可降低细菌和组织的活动能力，具有消炎、制止炎症扩散的作用。但在冷敷时要注意经常观察局部皮肤有无变色、感觉麻木、发紫等，如果有这些现象，应立即取走冰袋，以防冻伤。

挫伤急性期（一般在24～48h）过后，可改用热水袋热敷。热水袋的温度一般是60～70℃，小儿和老年人温度要低些，一般以48～50℃为宜。装水入袋至1/2～1/3处，驱尽袋内空气，拧紧塞子，装入套中。热敷的目的是使局部小血管扩张，增加血液循环，减轻深部组织充血，起到止痛作用，可增强组织的新陈代谢和血液中白细胞的吞噬功能，促进炎症的吸收，还可使肌肉及肌肉腱松弛，从而协助关节活动。在用热敷的同时，也须注意观察皮肤的情况，以防烫伤。经过以上方法处理，再配合一些局部用药，如好得快气雾剂、红花油、酒精等活血化瘀药物，一般 2~3 天后，挫伤的疼痛、肿胀会减轻或消失。

（四）扭伤的现场急救处理

外力作用于关节处使其发生过度扭转引起关节囊、韧带、肌腱损伤，严重者甚至断裂，出现皮肤青紫、疼痛、肿胀和关节活动功能障碍。伤后最有效的治疗方法是冷敷，可减轻内出血和组织肿胀，减轻痛疼。如表面有伤口，消毒后，用无菌敷料盖上伤口，敷料上放一层塑料薄膜，再冷敷。伤情严重者应到医院诊治。扭伤后尽量将受伤的肢体抬高，高于心脏，这样有利于消肿；如果是下肢受伤，2~3 天内少下地行走；如果是上肢关节损伤，要用前臂吊带悬吊 2～3 天。扭伤 24h 后可进行热敷。注意：扭伤后不要用手揉搓；24h 内不要用热敷。

八、伴有大血管损伤伤口的现场急救处理

（一）表现

严重创伤、刀砍伤等造成大血管断裂，出血多，易造成出血性休克。伴有大血管损伤的伤口较深，伤口远端脉搏搏动消失，肢体远端苍白、发凉，伤口内可见血管断端喷血，肌肉断裂外露。

（二）现场急救处理

（1）手指压迫止血。这是最简便、有效的方法，用手指压迫伤口上方（或近心端）的血管，先用手指摸清血管搏动处，然后压紧血管。

（2）迅速用纱布压迫伤口止血。如伤口深而大，用纱布填塞压实止血，放置纱布范围要大，超出伤口 5～10cm，才能有效止血。

（3）用绷带加压包扎。

（4）如肢体出血仍然不止，应上止血带。

九、伤口异物的现场急救处理

1. 伤口表浅异物

伤口表浅异物可以去除，然后按脚踏朝天钉扎伤的现场处理方法（详见本课题）进行处理。

2. 伤口深部异物

如异物为尖刀、钢筋、木棍、尖石块等，并且扎入伤口深部，不要将刺入体内的异物轻易拔出，因为在拔出的过程中，异物有时会损伤到周围的大血管、神经及重要组织器官。不拔出异物还能起到暂时堵塞止血作用，一旦拔出，可能会导致大出血而死亡。这时应维持异物原位不动，待转入医院后处理。但入院前应按下述方法进行包扎：

（1）敷料上剪洞，套过异物，置于伤口上。

（2）然后用敷料卷圈放在异物两侧，将异物固定。

（3）用绷带或者三角巾包扎。

十、压埋伤的现场急救处理

在工作面挖掘过程中，常常因发生塌方而造成压埋伤。对压埋伤必须争分夺秒地抢救。压埋伤伤势一般较重，头颅、胸腹、脊椎、四肢均可伤及，可造成颅内、内脏破裂大出血或四肢骨折乃至脊椎骨折后瘫痪，甚至发生窒息急性死亡。有许多人表面并未见伤损或出血，但很快昏迷或死亡。其原因多为内脏破裂所致内出血或头部压震后颅内出血。也有因伤后肌肉释放出一些有毒化学物质，当压力松开后，这些物质迅速扩散到身体其他部位，导致急性肾功能衰竭和严重休克而死。所以，凡被压埋患者，一旦被救出后，虽是看似是"轻"伤，也要当重伤救治，万万不可麻痹大意。

压埋意外的抢救应注意以下几点：

（1）当伤者完全被矸石掩压，施救者应先确定伤者的被埋位置，不要盲目乱挖，以免耽误时间。挖找时忌用铁器等硬物猛挖、锤击，只能将土、石轻轻扒开。

（2）挖找时应尽快使伤者的头部显露。伤者露出头部后，应迅速将其口、鼻处泥尘除净，以保证其呼吸通畅。

（3）当伤者部分身体露出后，切不可生拉硬拽，而应将伤者周围的矸石或重物清除，使伤者彻底外露，再逐步将其移出，否则被压埋者易致骨折或造成下身截瘫，或新的撕裂伤。

（4）伤者救出后，如呼吸、心跳已停止，应立即进行人工呼吸及心脏按压，直至伤者恢复呼吸与心跳或确已死亡为止。

（5）伤者被扒出后要迅速检查伤者有无脊椎骨折（是否下身瘫痪）、能否说话、有无伤口、是否流血等。如有脊椎骨折，应立即放平其身体，切勿急骤搬动，并设法用布类、衣物等将夹板、木棍、枪支或卷席包裹后，置于伤者身体两侧，稍加固定后，迅速送医院救治。如发现有伤者的伤口大量流血，应按外伤包扎、止血法，将伤口包扎固定好后，再送医院救治。寒冷季节，还要注意患肢保暖，防止冻伤及休克发生。

（6）为防止伤者发生并发症，应尽快清洗伤者的眼、鼻、口、耳及身上的灰尘、污物，同时迅速安全运送医院处理。

（7）如果四肢受压，肢体有肿胀时，应想到是肌肉有内撕裂或肌肉血管破损，这时切忌用热敷，可采用冷毛巾、冰块外包手巾放在肿胀处，有止痛、消肿、止肌肉出血的作用。同时，不论上、下肢被挤压伤程度如何，都要将伤肢置于高的位置。

十一、挤压综合症的现场急救处理

挤压综合症是指四肢或躯干肌肉丰富部位，遭受重物长时间挤压，在解除压迫后，出现以肢体肿胀、肌红蛋白尿、高血钾为特点的急性肾功能衰竭。筋膜间隔区压力升高造成肌肉缺血坏死形成肌红蛋白血症，而无肾功能衰竭，只能称为挤压伤或筋膜间隔区综合症，而不是挤压综合症。严重创伤也可能发生急性肾功能衰竭，但若无肌肉缺血坏死、肌红蛋白尿和高血钾，也不属于挤压综合症。

挤压综合症多发生在矿井冒顶、矿层坍塌、工程塌方等意外伤害中。

1. 挤压综合症机理

挤压综合症是在四肢或躯干肌肉丰富部位，遭受重物长时间挤压，在挤压解除后出现的。患部组织受到较长时间的压迫并解除外界压力后，局部可恢复血液循环。但由于肌肉因挤压造成血液循环受阻而缺血，产生类组织胺物质，从而使毛细血管床扩大，通透性增加，肌肉发生缺血性水肿，体积增大，必然造成肌内压上升，肌肉组织的局部循环发生障碍，形成缺血—水肿—缺血恶性循环。处在这样一个压力不断升高的骨筋膜间隔封闭区域内的肌肉与神经，而肿胀的肢体迅速变硬变冷，以致阻断了肢体的血液循环，使肢体远端的脉搏显著减弱乃至消失，向坏疽方向发展。随着肌肉的坏死，肌红蛋白、钾、磷、镁离子及酸性产物等有害物质大量释放，在伤肢解除外部压力后，通过已恢复的血液循环进入体内，加重了创伤后机体的全身反应，造成肾脏损害。肾缺血和组织破坏所产生的对肾脏有害的物质，导致肾功能障碍甚至肾功能衰竭。

2．挤压综合症现场急救处理

（1）搬除重物。施救者迅速进入现场，力争及早解除重物压力。要搬除压在身上的岩石、楼板等重物，并及时清除其口、鼻内的异物，保持呼吸道通畅。

（2）保持体位。伤者取平卧位，对肿胀的肢体不要移动、减少活动，以减少组织分解毒素的吸收及减轻疼痛，尤其对尚能行动的伤者要说明活动的危险性。将伤肢暴露在凉爽处或用凉水降低伤肢温度（冬季要注意防止冻伤），伤肢不要抬高以免降低局部血压，影响血液循环。不按摩、不热敷，以免加重组织缺氧。

（3）伤口止血。对开放性伤口和活动性出血者，应立即予以止血，但不要加压包扎，更不能上止血带（大血管断裂出血时除外）。

（4）口服或静脉补液。当受伤者不能及时送入医院，而肢体受压时间又超过45min时，可给伤者饮服碱性饮料。其方法是用8g碳酸氢钠溶于1000~2000mL水中，再加适量糖及食盐即可。既可利尿，又可碱化尿液，避免肌红蛋白在肾小管中沉积。如不能进食者，可用5%碳酸氢钠150mL静脉点滴。

（5）伤肢处理。对已出现肿胀、发硬、发冷、血液循环受阻的严重伤肢，应在现场给伤者做下肢小腿筋膜切开术，使伤肢减压，可避免肌肉继续发生坏死或缓解肌肉缺血受压的过程，并通过减压引流可防止和减轻坏死肌肉释放出的有害物质进入血流，减轻机体中毒症状。

十二、悬吊创伤的现场急救处理

悬吊创伤即悬吊综合症，又称悬挂创伤，是人体悬吊在垂直位置，不能动弹，致使腿部肌肉受到制约，血液循环受限，不能有效回流至心脏、脑部或其他重要器官因缺氧而造成的损伤。悬吊创伤比其他任何外伤都危险。

当使用安全带的高处作业人员发生坠落事故时，由于安全带一般都有绳索跨过双大腿内侧以提供支撑，因此坠落者就以头上脚下的垂直姿势半吊着，自己的重量就会压在这两条绳索上，使臀部血液回流受阻，血液堆积在双下肢，不能有效地回流至心脏，如果一直保持这种悬吊状态未能及时解除，就会因心肺系统不能正常工作而造成气道堵塞、血液循环不畅、脑部缺氧窒息甚至死亡。

发生垂直悬吊时，即使未受其他伤，悬吊者最快在3min内就可感觉眩晕（一般5~20min），最快在5min内就可能失去意识（一般是5~30min）。因此，发生悬吊时，必须尽快营救，才能把悬吊创伤的危险性降到最小。

如果悬吊者在10min救脱困，困于腿部的血液可能已经出现问题。如果放任其快速回流至脑部，甚至有可能造成伤者死亡，这被称为返流综合症，一旦发生就很难控制，伤者会死亡。

如果悬吊者在 10～20min 后解救脱困，积聚在腿部的血液已经"瘀结"。血液中氧气耗光，二氧化碳饱和。脂肪分解过程在血液中产生许多有毒废物，释放出肌红蛋白、钾、乳酸及其他一些有害物质。此时若将伤者腿部抬高，血液中的各种有害物质会通过血液的快速流动到达身体各个部分。内脏器官（特别是肾）可能因此受损，心脏可能停止工作。

1. 坠落后的自救

悬吊者能否自救取决于系索固定的位置、悬吊距离和周围情况等。快速、有效的自救是避免悬吊创伤最有效的方法。

（1）坠落发生时，尽可能保持坐姿，尽量使身体放平或使腿略高于身体，或站起来。但一般情况下，安全带的设计和坠落时的受伤使个人无法完成上述动作。

（2）如悬吊距离较短，可利用身体能够触及的墙壁、杆塔、树木等向上攀爬，自行摆脱悬吊困境。

（3）如悬吊距离较长，无法自行脱困时，可用临时制作的设备或其他自救设备向上攀爬，摆脱悬吊困境。

抛绳法是一种比较实用的悬吊脱困方法。其操作步骤是：①取出随身携带的抛投包（见图 3-68）、带缝合终端的牵引绳（见图 3-69），将牵引绳系在安全带上；②向上方横梁、导线等坚固物体抛投，使抛投包绕过上方坚固物体，如图 3-70（a）所示；③牵引绳连接安全短绳，牵引安全短绳跨过上方坚固物体，如图 3-70（b）所示；④解除牵引绳，在安全短绳另一端打双"8"字形结，将缝合端穿过"8"字形结的绳圈向下拉安全短绳，使其固定在坚固物体上，如图 3-70（c）所示；⑤利用双抓结或绞绳上升的方式攀爬脱困。

图 3-68 抛投包　　　图 3-69 牵引绳

图 3-70　抛绳法自救

（a）抛绳；（b）牵引绳连接安全短绳；（c）固定安全短绳

绞绳上升是一种比较简单易学的攀爬脱困方法，其操作步骤如图 3-71 所示。即：①抛投牵引完成后，将安全短绳两端都拉至身体前方，无缝合端的绳头打好防脱结；②双手握住安全短绳的上部，屈腿，用一只脚脚面将绳挑起，另一只脚踏在有绳子的脚面上，如图 3-72（a）所示；③将绳拉紧，双脚绞实，如图 3-72（b）所示；④双手抓牢绳子，用力站起，如图 3-72（c）所示；⑤再次曲腿绞绳重复上升，直到完成自救。

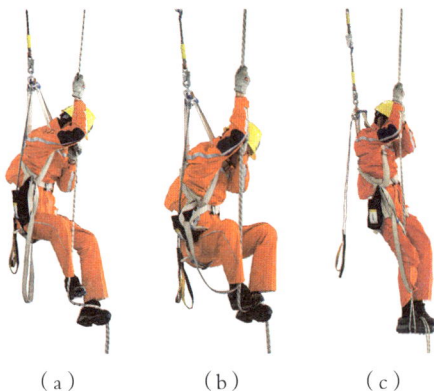

图 3-71　可调辅助
脚踏带

图 3-72　绞绳上升

（a）双脚绞绳，双手握绳；（b）曲腿绞绳；
（c）站立上升

2．坠落后的自我保护

高空作业时，自带一根可调辅助脚踏带，如图 3-73 所示。一旦发生高空坠落而不能脱困时，可以起到自我保护的作用，有效地避免悬吊创伤的发生，同时可以为营救争取到最宝贵的时间。

可调辅助脚踏带的使用方法是：

（1）被困人员取出辅助脚踏带，如图 3-73（a）所示。

（2）连接安全带受力点，双脚踩住并根据身体高度调整脚踏带长度，如图 3-73（b）所示。

（3）踩牢后直立身体，将身体重量落在脚踏带上，如图 3-73（c）所示。

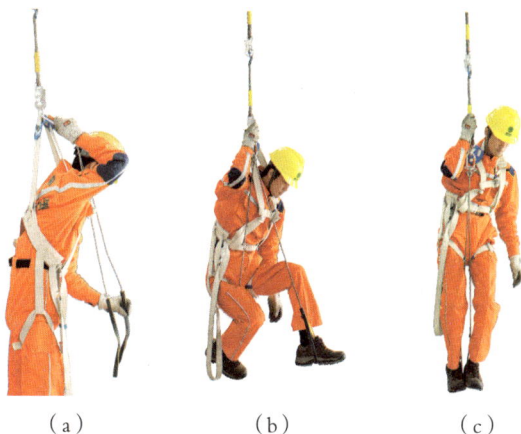

（a）　　　　　　　　（b）　　　　　　　　（c）

图 3-73　可调辅助脚踏带的使用方法

（a）取出脚踏带；（b）安装并调整脚踏；（c）身体站立

3．互救

在坠落悬吊者的营救过程中，若有条件，可将悬吊者的膝盖抬高至臀部以上，或将悬吊者双腿推至一个固定的平面以获得支撑，或帮助伤者两脚做蹬自行车动作，以促进下肢血液循环。

4．解救后处置

（1）任何刚从悬吊困境解救下来的人员，都必须保持坐姿至少 30min。

（2）缓慢使坠落者恢复平躺姿势。从蹲下姿势到坐下姿势，再到平躺姿势，整个过程要保持在 30～40min。

（3）禁止任何人将伤者放置在手推车或病床上。

（4）在搬运过程中，应使伤者保持坐姿。

复习思考题 ❓

1. 头皮损伤应如何进行现场急救处理？

2. 颅骨骨折应如何进行现场急救处理？

3. 颅脑损伤应如何进行现场急救处理？

4. 脑震荡应如何进行现场急救处理？

5. 脑挫裂伤及脑干损伤应如何进行现场急救处理？

6. 肋骨骨折应如何进行现场急救处理？

7. 闭合性气胸应如何进行现场急救处理？

8. 开放性气胸应如何进行现场急救处理？

9. 张力性气胸应如何进行现场急救处理？

10. 外伤性血胸应如何进行现场急救处理？

11. 腹部创伤应如何进行现场急救处理？

12. 常见的关节脱位有哪几种？

13. 肩关节脱位应如何进行现场急救处理？

14. 肘关节脱位应如何进行现场急救处理？

15. 髋关节脱位应如何进行现场急救处理？

16. 骨折现场急救原则是什么？

17. 骨折现场急救注意事项有哪些？

18. 肢体断离的种类有哪些？

19. 断肢保存的意义是什么？

20. 断肢应如何处理？

21. 离体断肢应如何保存？

22. 切割伤应如何进行现场急救处理？

23. 刺伤应如何进行现场急救处理？

24. 伴有大血管损伤伤口应如何进行现场急救处理？

25. 伤口异物应如何进行现场急救处理？

26. 压埋伤应如何进行现场急救处理？

27. 挤压综合症应如何进行现场急救处理？

28. 高处作业发生坠落时应如何进行现场急救处理？

29. 如何使用可调辅助脚踏带进行坠落后的自我保护？

单元四

常见意外伤害
自救急救技术

课题一　交通事故

【培训目的】

1. 正确理解交通事故对人造成的伤害及其伤亡的特点。
2. 熟练掌握发生交通事故时的现场自救方法。
3. 正确理解交通事故现场急救的原则。
4. 熟练掌握常见交通事故致伤的现场急救方法。

【培训知识点】

1. 交通事故对人造成的伤害。
2. 交通事故伤亡的特点。
3. 发生交通事故时的现场自救方法。
4. 常见交通事故致伤的现场急救方法。
5. 交通事故现场急救的原则。
6. 汽车火灾的扑救方法。
7. 避免交通事故发生的注意事项。

【培训技能点】

1. 两车相撞时的现场自救。
2. 跳车逃生的技巧。
3. 行车过程中保持车距的操作。
4. 车辆倾翻时驾驶员和乘客自救的技巧。
5. 交通事故互救前对事故车辆的处置操作。

一、交通事故概述

1. 交通事故的概念

交通事故是指车辆在道路上因过错或者意外造成人身伤亡或者财产损失的事

件，如图 4-1 所示。交通事故不仅是由不特定的人员违反交通管理法规造成的，也可以是由于地震、台风、山洪、雷击等不可抗拒的自然灾害造成的。

（a）　　　　　　　　　　　　　　　　（b）

图 4-1　交通事故

（a）火车交通事故；（b）汽车交通事故

广义的交通事故包括公路、铁路、航空和水运交通所发生的意外事故；狭义的交通事故一般仅限于道路交通意外事故。本节仅介绍狭义的交通事故。

2. 交通事故现状

交通事故被称为"世界第一大公害"。"车祸猛于虎"是对交通事故的真实写照。

自 1899 年纽约发生第一例因车祸致死后，全世界死于交通事故的人数至今已超过 4000 万人。近年来，全世界每年死于车祸者可能多达 300 万人。

我国的交通事故死亡人数居世界第一，且有逐年上升的趋势。我国每年因交通事故死亡人数在 10 万人左右，平均每天死亡约 300 人。一般来说，经济发展速度超过 4%~6% 时，道路交通事故死亡人数是上升的，当经济发展速度在 4% 以下时，道路交通事故死亡人数开始下降。道路交通事故的经济损失，在低收入国家约占 GPT 的 1%，中度收入国家约占 1.5%，高收入国家约占 2%。

图 4-2　汽车燃烧事故

3. 交通事故的类型

交通事故亦称车祸。常见的交通事故有碰撞事故、辗压事故、刮擦事故、翻车事故、机动车坠落事故、机动车爆炸及燃烧事故等。如图4-2所示为汽车燃烧事故。

4. 交通事故对人造成的伤害

交通事故对人造成的伤害大致可分为减速伤、撞击伤、碾挫伤、压榨伤及跌扑伤等。其中以减速伤、撞击伤为多。

（1）减速伤。减速伤是由于车辆突然而急剧的减速（如紧急刹车、两车相撞）所致的伤害。如颅脑损伤、颈椎损伤、主动脉破裂、心脏及心包损伤，以及"方向盘胸"等。

（2）撞击伤。撞击伤多由机动车直接撞击伤员所致，由于车速普遍较快，一旦撞击，伤势一般很严重。

（3）碾挫伤及压榨伤。碾挫伤及压榨伤多由车辆碾压挫伤，或被变形车厢、车身、驾驶室挤压而致伤。

（4）跌扑伤。跌扑伤是由于车辆刮擦或碰撞而造成的摔倒致伤。

5. 交通事故伤亡的特点

交通事故具有后果的严重性、行为的违法性和事发的突然性，往往会造成严重的人员伤亡。交通事故伤亡具有以下特点：

（1）约有半数交通事故病人死于院前阶段。交通伤后有3个死亡高峰：事故现场为死亡第1高峰，病人的死亡约占全部死亡数的50%；伤后1~2h为死亡的第2高峰，约占35%；入院后30h内为死亡的第3高峰，约占15%。交通事故的主要死因是头部损伤、严重的复合伤和辗压伤。

（2）公路交通事故多于城市道路交通事故，且死亡率高；二、三级公路交通死亡事故多；农村道路交通事故多。

（3）交通事故受伤或死亡人群包括任何年龄组，但常见于青壮年，男性多于女性。

（4）交通事故发生高峰为每月下旬，时间在18:00~22:00之间，受伤或死亡人群以骑自行车、电动车和摩托车者最多。

（5）高速公路由于车速快、车流量大等特点，一旦发生交通事故，多发伤比例大，死亡率高，且由于高速公路两个出口之间距离较长，一旦发生交通事故，施救者到达现场时间较长，容易延误伤者的抢救，且由于堵车，甚至反方向逆行，横穿隔离带救治，容易造成施救者受伤。

（6）事故发生后，既要保护事发现场，同时又有很多伤员需要救治，现场急救困难。

（7）乘车人以撞击伤、摔伤、挤压伤、穿刺伤较多见；路人以撞击、摔伤、碾压多见；两车相撞时，颈部甩鞭伤普遍存在。

二、交通事故的现场自救、互救和急救

（一）现场自救

在驾车或乘车时，若交通事故发生前的瞬间能发现险情，可采取如下自救措施：

1. 车辆遇险

乘车人紧紧抓住身边的扶手、椅背等，同时两腿稍弯，用力向前蹬地，即使身体有被碰撞的可能，只要手用力前推，撞击力得以消耗，缓解身体前冲的速度，从而减轻受伤的程度。

2. 遇到翻车或坠车

遇到翻车或坠车时，乘车人应迅速蹲下身体，利用前排座椅靠背或两手臂保护头面部，使身体缩成球形，尽量固定在两排座位间，以减轻头部、胸部的受伤程度。

3. 两车相撞

当两车相撞时，汽车受到猛烈的撞击，随着惯性运动，乘客会向前倾倒，接着又会向后反弹，颈部会被向后撞击，造成颈部较重创伤。为防止此种情况的发生，乘车人应侧着身子深深的坐在座椅内就可有效的保护颈椎；若再用手掌护住头面部，就可以防止或减轻撞车时身体因惯性而撞到前面座椅的背面。

在两车相撞时的一瞬间，驾车人应头脑清醒，可猛打方向盘，并将两肘覆盖在方向盘上，以缓冲撞击力对脸、胸的冲击，保证生命安全。如果撞车不可避免，为了减速，可将车冲向能够阻挡并降低速度的障碍物，如篱笆墙、灌木丛、松软的土地和小水沟等，但撞墙和撞树都很可能是致命的。一旦遇有事故发生，当迎面碰撞的主要方位不在驾车人一侧时，驾车人应手臂紧握方向盘，两腿向前伸直、踏实，身体后倾，保持身体平衡，防止在车辆撞击时，头部撞到挡风玻璃上而受伤。如果迎面碰撞的主要方位在临近驾车人座位或者撞击力度大时，驾车人应迅速躲离方向盘，将两脚抬起，以免受到挤压而受伤。

4. 跳车逃生

驾车遇到紧急情况时，跳车是十分危险的，但在不得已而为之的情况下，应掌握跳车的技巧。跳车前做好必要的准备：解开安全带，打开车门，身体抱成

团，头部紧贴胸前，胸膝紧靠，肘部紧贴于胸前，双手捂住耳部，腰部弯曲，从车上滚出，可以顺势滚动。

5. 车辆倾翻

当感到车子不可避免地要翻车时，驾车人应紧紧抓住方向盘，两脚钩住踏板，使身体固定，随车体旋转。乘车人应迅速趴到座椅上，抓住车内的固定物，使身体夹在坐椅中，尽力稳住身体。避免身体在车内滚动而受伤。翻车时，不可顺着翻车的方向跳出车外，而应向车辆翻转的相反方向跳跃。落地时，应双手抱头顺势向惯性的方向滚动或奔跑一段距离，避免遭受二次损伤。

6. 汽车翻入水中

汽车翻进水（见图4-3）里，若水较浅，未全部淹没，应等汽车稳定后，再设法从门窗处逃离车辆。若水较深，先不要急于打开车门与车窗玻璃，因为这时车门是难以打开的，此时，车厢内的氧气可供驾车人和乘车人维持 5~10min。车内人员不要慌张，设法将头部伸出水面，迅速用力推开车门或玻璃，同时深吸一口气，再浮出水面。

（a）　　　　　　　　　　　　　　　　（b）

图4-3　汽车翻入水中

（a）农用车翻入水中；（b）公共汽车翻入水中

（二）现场互救

道路交通事故伤一般发生在瞬间，常为多部位损伤。事故发生后，未受伤或受伤较轻的驾乘人员要保持头脑冷静、控制情绪，并发扬人道主义精神，积极采取行动，进行现场互救，抢救伤员。现场互救时应注意以下几点：

（1）互救前，应设法关闭失事车辆引擎，开启危险报警闪光灯，拉紧手刹，或用石头、木块等掩在车轮下面，固定车轮，防止汽车滑动。并在失事车辆后方足够的距离做显著警示标志，如车载三脚架、交通锥桶、带颜色的衣物等，防止发生二次伤害事故，如图4-4所示。警示标志在一般道路上应设在车后50m以外，在高速公路上应在 150m 以外设置。

（2）设法将受伤者从车内搬出。

（3）对活动性大出血者，应就地止血。

（4）对气道堵塞的，应立即疏通，然后搬运出车。

（5）一时无法分辨有无脊柱外伤时，最好按脊柱外伤的搬运原则搬运。如怀疑有颈椎的损伤，要首先在不移动伤者的前提下，给伤者上好颈托（见图4-5），再搬运伤员。做到尽量不扭曲病人身体，将病人平稳地抬出。

（6）对肿胀的伤肢可以冷敷，但不要按摩，不要热敷，也不能用止血带，否则会加重伤势。

（7）压埋的伤肢，压埋时间越短越好。病人应静卧，尽量少活动，并立即用夹板把伤肢固定。

（8）大部分伤员在等待搬运时应保持仰卧位，但特殊伤情的伤员要注意其正确体位。如神志不清又呕吐的伤者应取侧卧位，无脊柱骨折的头部损伤者应将头部垫高约 15° 或取坐位，四肢大出血伤者让其伤肢高于心脏水平位，呼吸困难等气胸伤者取半坐卧位，大出血引起休克伤者应将双下肢抬高 30°，腹部内脏破裂出血伤者应保持平卧并且屈曲双腿。

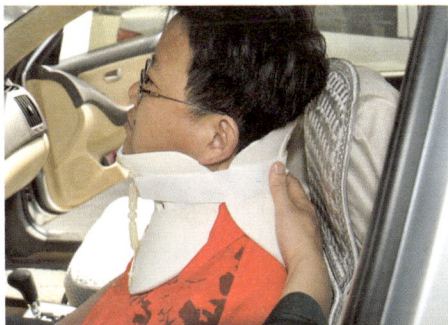

（a）

（b）

图 4-4　固定车轮并在失事车辆后方做警示标志

（a）固定车轮；（b）车辆后方放置明显标识

图 4-5　颈椎损伤上颈托

（三）现场急救

交通事故发生后，首先进行的是现场非医疗性的工程救险处理，其原则是尽快使伤员脱险，即将伤员从车内救出，防止当车辆发生燃烧时使伤员烧伤。将伤员从车内移出要注意两点：一是环境允许才可以动；二是现场有人帮助才可以动，并避免错误的搬运加重损伤。

1. 现场急救原则

一旦发生交通事故，在到达事故现场进行急救工作时，应遵循以下原则：

（1）人道原则。当事故发生后，急救者必须怀着崇高的人道主义精神，千方百计利用现场一切可利用的条件抢救伤员。急救者应保持镇定、清醒的头脑，使伤员尽快得到现场治疗，并及时呼救，以便尽快转入后续治疗。

（2）快速原则。在交通事故急救工作中，时间就是生命。"快抢、快救、快送"是决定伤员能否减少伤残和后遗症的关键。急救人员要珍惜每一秒钟，火速急救，并火速护送伤员到医院治疗。

（3）有序原则。交通事故的特点是"伤情复杂、严重、复合伤多"。因此，在抢救中一般应本着先抢后救、先重后轻、先急后缓、先近后远的顺序，灵活掌握。

（4）自救原则。自救原则是车祸现场救护、抢救伤员生命的一条宝贵经验，尤其是对发生在偏僻地区的车祸更显得重要。在车祸现场不能消极等待，要充分利用就便器材，积极采取自救、互救措施，以赢得求援时间。

2. 事故现场伤员情况判断

交通事故发生后，由于"强烈袭击"，可使人体心、肺、神经、内分泌机能发生严重障碍，尤其是大量失血，直接威胁伤员生命，有些受伤者可能很快出现休克或者死亡。这就需要很好地判断伤情，以便有针对性急救。最早接触受伤者时，首先必须判断受伤者是否活着，有无呼吸和心跳，意识是否清楚，急救者必须对受伤者的伤情做出初步判断，以便按"轻重缓急"的原则急救和转送。

3. 交通事故常见致伤的现场急救方法

（1）头部损伤的急救。头部损伤者不要随便移动患者，注意固定其头、颈部，微向后仰，以保证呼吸道畅通，并根据不同的伤情采取以下针对性措施：

1）如果伤者神志清醒、呼吸、脉搏正常，可进行伤部止血，包扎处理，然后扶伤员靠墙或在树旁坐下。

2）若伤者出现昏迷，要立即使病人取侧卧位，清除鼻咽部分泌物或异物，保持呼吸道通畅，防止痰液吸入，并密切注意呼吸和脉搏。对躁动者应加强防护，防止坠地。

3）如果伤者有血液和脑脊液从耳、鼻流出，就一定要让伤者向患侧侧卧，即左侧耳、鼻流出脑脊液时要向左侧卧，反之则右侧卧。注意不要用纱布、脱脂棉等塞在鼻腔或外耳道内，以防引起感染。

（2）胸外伤的急救。轻度胸外伤只是胸壁被擦、受挫等，主要表现为胸壁疼痛，经过止痛、热敷、服用舒筋活血药等治疗，几天即可康复。重度胸外伤则为肋骨骨折，以及由此引起的血胸或气胸，可引起严重的呼吸困难，甚至死亡。对严重胸外伤者，分别做如下急救处理：

1）对每当呼吸时伤口有响声（即开放性气胸）者，应立即用铝箔膜或塑料膜密封伤口，再用胶布固定，不让空气进入。一时找不到铝箔膜或塑料膜时，可立即用手捂住，取患部向下卧位，等待救护车到来。

2）胸部发生骨折会出现各种各样的情形，如相连的几根肋骨同时骨折（浮动骨折，也叫连枷胸），这时也要尽快密封伤口，并让受伤者取患部向下的卧位。

（3）呼吸停止者的急救。对呼吸停止者，应采取以下急救处理措施：

1）保持呼吸道通畅，清除呼吸道梗阻。

2）立即进行人工呼吸。

3）若脉搏消失，应进行心脏按压。

（4）休克者的急救。对休克者，应采取以下急救处理措施：

1）安置伤者到安静的环境。

2）将伤者双腿抬高 30°。

3）检查脉搏与呼吸并根据检查结果进行人工呼吸或心脏按压。

（5）骨折者的急救。对骨折者，应根据骨折部位的不同，采取以下针对性急救处理措施：

1）对于四肢骨折要先固定后转运。

2）脊柱损伤时，不要随意改变受伤者的姿势，采取正确的搬运方法。

（四）汽车火灾的扑救

1. 行车途中汽车突然起火

汽车行车途中突然起火一般都发生在几分钟之内，这短短的几分钟起着决定性的作用。如果发现车头部分冒出火苗或者黑烟时，应立即靠边停车，然后熄火。切断油和电源，关闭百叶窗和点火开关后，立即设法组织车内人员离开车体。若因车辆碰撞变形、车门无法打开时，可从前后挡风玻璃或车窗处脱身。驾驶员离开车厢，应该马上拿灭火器去查看火情并用灭火器进行扑救。不要贸然打开汽车引擎盖，而应先开条小缝，再慢慢全部打开，因为一旦猛地打开引擎盖，氧气会迅速进入，汽车火焰将突然变大。

2. 车载货物着火

汽车所载货物发生火灾时，驾驶员应尽快将汽车驶离重点要害部位（或人员集中场所）停下，并迅速报警。同时驾驶员应及时取下随车灭火器扑救火灾，当火一时扑灭不了时，应劝围观群众远离现场，以免发生爆炸事故，造成无辜群众伤亡，使灾害扩大。

3. 汽车在加油过程中着火

当汽车在加油过程中发生火灾时，驾驶员不要惊慌，要立即停止加油，迅速将车开出加油站（库），用随车灭火器或加油站的灭火器以及衣服等将油箱上的火焰扑灭，如果地面有流散的燃料时，应用加油站（库）的灭火器或沙土将地面火扑灭。

4. 汽车被撞着火

当汽车被撞后发生火灾时，乘车人员伤亡往往比较严重，首要任务是设法救人。如果车门没有损坏，应打开车门让乘车人员逃出。同时驾驶员可利用扩张器、切割器、千斤顶、消防斧等工具配合消防队救人灭火。

5. 汽车在停车场着火

当汽车在停车场发生火灾时，一般应视着火车辆位置，采取扑救措施和疏散措施。如果着火汽车在停车场中间，应在扑救火灾的同时，组织人员疏散周围停放的车辆。如果着火汽车在停车场的一边时，应在扑救火灾的同时，组织疏散与火相连的车辆。

6. 公共汽车着火

当公共汽车发生火灾时，由于车上人多，要特别冷静果断，首先应考虑到救人和报警，视着火的具体部位而确定逃生和扑救方法。

（1）如着火的部位在公共汽车的发动机，驾驶员应开启所有车门，令乘客从车门下车，再组织扑救火灾。

（2）如果着火部位在汽车中间，驾驶员开启车门后，乘客应从两头车门下车，驾驶员和乘车人员再扑救火灾、控制火势。

（3）如果车上线路被烧坏，车门开启不了，乘客可从就近的车窗下车。如果火焰封住了车门，车窗因人多不易下去，可用衣物蒙住头从车门处冲出去。

（4）当驾驶员和乘车人员衣服被火烧着时，如时间允许，可以迅速脱下衣服，用脚将衣服的火踩灭；如果来不及，乘客之间可以用衣物拍打或用衣物覆盖火势以窒息灭火，或就地打滚压灭衣上的火焰。受到火势威胁时，要保持镇定，千万不要盲目地相互拥挤、乱冲乱撞。要听从工作人员指挥或广播指引，要注意朝明亮处、迎着新鲜空气跑。

（5）正确使用公共消防设施。公共交通站或汽车车厢一般都有完善的防火、灭火设施。在车厢前后部位，均贴有红底黄字的"报警开关"标志，箭头指向位置即按钮位置。乘客将按钮向上扳动就能通知司机。另外，干粉灭火器配备在车厢的两个内侧车门的中间座位下，上面贴有红色"灭火器"标志。乘客发现着火后先要及时报警，再用车厢内的干粉灭火器进行扑火自救，如果火势蔓延迅速，乘客无法灭火自救时，应该按老、弱、妇、幼先行的顺序有序地安全逃生。

三、避免交通事故发生的注意事项

1. 2s 规则

在行车过程中，特别是在高速公路上行驶，保持两车间距极为重要，保持距离应遵循"2 秒规则"。即当前一辆车通过一固定的标志物时，如一棵树或路边的交通标志牌（见图 4-6），开始以正常语速念"1001、1002"，如果在念完之前已到达标志物，则表明和前车的距离太近了，应调整车速，保持距离。

2. 采用防御性驾驶法

防御性驾驶法，就是随时预测其他公路使用者的驾驶意图，始终在自己车子四周保留一椭圆空间。既要防止你撞别人，也要防止别人撞你。时刻注意交通标志和交通信号，不仅自己不违反交通规则，而且随时都要想到别人会犯错误。

图 4-6　保持车距标志

3. 养成良好的驾驶习惯

良好的驾驶习惯是安全行车的重要保障。驾驶车辆要做到不开英雄车、赌气车，开车不抽烟、不打电话、不车窗抛物，行驶中不强行变道、强行超车，杜绝酒后开车、无证开车、疲劳驾驶等。

4. 上车就系安全带

不仅驾驶员、副驾驶，即使后排座位就坐的乘员也要自觉系安全带。汽车安全带的作用就是在车辆发生碰撞或使用紧急制动时，预紧装置就会瞬间收束，绷紧佩带时松弛的安全带，将乘员牢牢地拴在座椅上，防止发生二次碰撞。从图 4-7 可以看出，不系安全带者很容易被甩离车座椅使头部发生碰撞，而系安全带者被牢牢地拴在车座椅上。

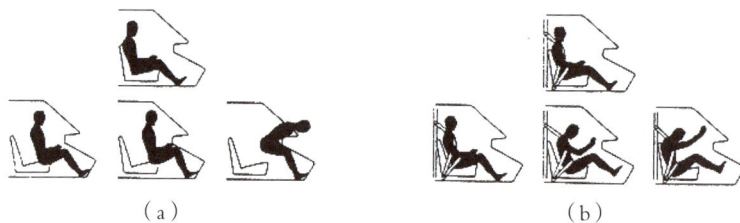

图 4-7 车祸事故中系安全带与不系安全带受伤示意图

（a）不系安全带；（b）系安全带

　　汽车事故调查表明，在发生正面撞车时，如果系了安全带，可使死亡率减少57%，侧面撞车时可减少44%，翻车时可减少80%。

复习思考题

1. 什么是交通事故？交通事故有哪些类型？
2. 交通事故对人造成哪些伤害？
3. 交通事故伤亡的特点是什么？
4. 发生交通事故时应如何现场自救？
5. 发生交通事故时应如何现场互救？
6. 交通事故现场急救原则是什么？
7. 常见交通事故致伤的现场急救方法有哪些？
8. 如何扑救行驶途中的汽车突然起火？
9. 避免交通事故发生的注意事项有哪些？

课题二　烧　　伤

【培训目的】

1. 正确理解烧伤的概念及其分类。
2. 正确理解烧伤的分期。
3. 熟练掌握烧伤面积估算和烧伤深度判断的方法。
4. 熟练掌握热烧伤现场急救原则、现场急救方法和措施。
5. 正确理解烧伤现场急救常见错误的处理方法。
6. 正确理解化学烧伤的特点。
7. 熟练掌握酸、碱、磷烧伤现场急救方法。
8. 熟练掌握化学性眼烧伤的应急处理方法。
9. 熟练掌握化学烧伤的预防措施。

【培训知识点】

1. 烧伤的概念及其分类。
2. 烧伤的分期。
3. 烧伤现场急救常见错误的处理方法。
4. 热烧伤现场急救原则。
5. 化学烧伤的特点。
6. 化学烧伤的预防措施。

【培训技能点】

1. 烧伤面积估算和烧伤深度判断。
2. 热烧伤现场急救的处理措施。
3. 酸、碱、磷烧伤现场急救处理措施。
4. 酸碱入眼的应急处理措施。
5. 石灰、电石入眼的应急处理措施。

一、烧伤的基本知识

（一）烧伤的概念

烧伤主要指由热力、化学物质、电能、放射线等引起的皮肤、黏膜，甚至深度组织的损害。按致伤原因分为热烧伤、化学烧伤、低温烧伤等。其中，热烧伤较为多见，占各种烧伤的 85%~90%。据统计，每年因各种意外伤害而造成的死亡人数中烧伤排在第二位。中国烧伤年发病率为 1.5%~2%，即每年约有 2000 万人遭受不同程度的烧伤病痛的伤害，其中约有 5% 的烧伤病人是需要住院治疗的重度烧伤。

习惯上，将火焰直接接触人体造成的损伤称为烧伤；由高温液体、气体和固体（如热水、热气、热液、热金属等）直接接触人体造成的损伤称为烫伤。二者合称为热烧伤。长时间接触略高于体温的致伤因素造成的损伤称为低温烧伤。

由化学物质引起的灼伤被统称为化学烧伤。其烧伤的程度取决于化学物质的种类、浓度和作用及持续的时间。腐蚀性化学品是形成化学烧伤的重要原因之一。腐蚀性化学品包括酸性腐蚀品（如硫酸、盐酸、硝酸等）、碱性腐蚀品（如氢氧化钠、氢氧化钾、氨水、石灰水等）和其他不显酸碱性的腐蚀品。

（二）烧伤的分期

烧伤病患可分为休克期、感染期和修复期，各期之间相互渗透，相互重叠。

1. 休克期

休克期又称急性体液渗出期。人体组织被烧伤后，会出现体液渗出，持续时间为 36~48h。轻度烧伤时，体液渗出量有限，不会影响全身的有效循环；严重烧伤时，渗液会比较多，早期会出现口渴、唇干、尿少等症状。

2. 感染期

如果烧伤伤口处理不当，会出现伤口感染。严重时，可能造成全身感染，会留下后遗症。

3. 修复期

较浅的烧伤伤口，皮肤一般能自行修复；烧伤伤口较深时，修复时间长，需要植皮等后续处理。

（三）烧伤的分度

对于烧伤伤情的判断，以烧伤面积和烧伤深度来测算，在某些情况下，还应兼顾呼吸道损伤的程度。

1．九分法

用九分法估算烧伤面积。九分法就是将人体各部位分成若干个 9%，11 个 9% 另加 1% 构成 100% 的人体表面积。其中，头部（包括头、颈、面部）1 个 9%，身体躯干（包括前胸、后背）3 个 9%，双上肢（包括双手、双前臂、双上臂）2 个 9%，双下肢（包括双侧臀部、双足、双小腿、双大腿）5 个 9%，会阴 1 个 1%。

2．三度四分法

用三度四分法判断烧伤深度。

（1）Ⅰ度烧伤。又红斑性烧伤。其表面出现红斑，皮肤比较干燥，有烧灼感，疼痛剧烈，无水疱。一般 3～7 天后局部由红色转为淡褐色，表皮脱落，自行愈合而不留疤痕。

（2）浅Ⅱ度烧伤。又称水疱性烧伤。其局部明显红肿，形成大小不一的水疱，水疱皮薄，内含黄色或淡红色血浆样透明液体。水疱皮脱落破裂后，可见创面红润、潮湿，疼痛感明显。伤口愈合后一般不留疤痕，只有色素沉着。

（3）深Ⅱ度烧伤。其局部明显红肿，深浅不一，表皮较白或棕黄，间或有较小水疱。去除水疱死皮后，创面微湿、微红或红白相间，疼痛比较迟钝。多数有瘢痕增生，愈合后会留下较明显的疤痕。

（4）Ⅲ度烧伤。又称焦痂性烧伤。创面无水疱，呈蜡白或焦黄色，有些甚至炭化变黑。疼痛感觉完全消失。皮层坏死后呈皮革状态，其下可见粗大栓塞树枝状血管网。Ⅲ度烧伤必须靠植皮才能愈合。

二、热烧伤的现场急救

（一）现场急救原则

（1）关键在于迅速脱离受伤现场，转移到安全的地方。

（2）在将伤者送往医院之前，应该对伤者危及生命的合并伤，如窒息、大出血、骨折、颅脑外伤等进行准确的伤情判断，迅速给予必要的急救处理。

（3）尽快建立呼吸、静脉通道，适量补液，但应避免过多饮水，以免发生呕吐，单纯大量饮用自来水还可能发生水中毒。应该适量口服淡盐水。

（4）创面可暂不做特殊处理，简单清创即可，以免加重损伤、刺激伤者。避免在创面上涂用有色外用药物。

（二）现场急救要求

热烧伤现场采取的应急处理措施是否及时有效，对减轻损伤程度，减轻伤者痛苦，减少烧伤后的并发症和降低病死率等都有十分重要的意义。烧伤面积越大，深度越深，则治疗越困难，愈后越差。因此，热烧伤现场急救的首要措施是"灭火"，即去除致伤源，尽量"烧少点、烧浅点"，使伤员尽快脱离现场，并针对不同烧伤原因，采取相应的急救处置。具体要求包括：

（1）尽快脱去着火的衣服，特别是化纤衣服，以免继续燃烧使创面扩大加深。

（2）迅速卧倒，慢慢在地上滚动，压灭火焰。

（3）用身边不易燃的材料，如雨衣（非塑料或油布）、大衣、毯子、棉被等阻燃材料，迅速覆盖着火处，使之与空气隔绝。

（4）用水将火浇灭或跳入附近水池、河沟内灭火。若附近有水池或河沟，不要怕水不净而不敢滚入，须知只要尽快灭火，烧伤就不会太深，即使创面有污染，清除并不难，总比烧伤加深带来的危害要轻得多。

（5）衣服着火时不得站立或奔跑呼叫，以免风助火势，使火更旺。为防止头面部烧伤或吸入烟雾和高热空气引起呼吸道损伤，应使伤员迅速离开密闭和通气不良的现场。切勿用手扑灭火焰以免火燃烧导致手的严重烧伤。

（6）已灭火而未脱去的燃烧的衣服，特别是棉衣或毛衣，务必仔细检查是否仍有余烬，以免再次燃烧，使烧伤加深加重。

（7）热液（开水、沸汤等）烫伤时，应迅速脱去被热液浸渍的衣服，并用冷水冲，或将烫伤局部浸泡在冷水中，以减轻疼痛和损伤程度。

（三）现场急救方法

热烧伤的现场急救方法用以下简单的五个字概括：冲、脱、泡、盖、转。分别简单分述如下：

（1）冲。就是用大量清水冲洗，让烧伤创面尽快降温。

（2）脱。就是脱去烧焦的或被热液浸透的及被危险化学品沾染的衣物，以防止或减少烧焦的或被热液浸透的及危险化学品对人体的伤害。

（3）泡。就是将被烧伤的肢体放入凉水中泡，或用毛巾浸透凉水敷在创面上。这样做一是可以止痛，二是可以防止热力继续对人体产生热损伤。但注意不要将整个身体进入冷水中，特别是在寒冷的季节。

（4）盖。就是用清洁的被单或衣物覆盖、包裹烧伤的创面。

（5）转。就是安全及时转到就近医院治疗。

（四）常用现场急救处理的措施

1. 冷水浸泡

对冷水浸泡处理应该提高到疗法的高度来认识。冷疗是源于北欧冰岛的一种古老的热烧伤急救方法。热烧伤后尽快给予冷水冲洗或浸泡，立即有止痛效果，并可以减小烧伤创面的深度。近代学者研究认为，冷疗不仅可以减少创面余热对尚有活力的组织继续损伤，而且可以降低创面的组织代谢，使局部血管收缩，渗出减少，从而减轻创面水肿程度，并有良好的止痛作用。因此，如有条件，热烧伤灭火后的现场急救中宜尽早进行冷疗。方法为将烧伤创面在自来水龙头下淋洗或浸入冷水中，水温以伤员能耐受为准，一般宜采用15℃以下的冷水冲洗或浸泡为宜。也可采用冷水浸湿的毛巾、纱布等敷于创面。冷疗的时间无明确限制，一般掌握到冷疗的创面不再感到剧痛为止，多需0.5~1h。冷疗一般适用于中小面积烧伤，特别是四肢的烧伤。大面积烧伤时，由于冷水浸浴面积范围较大，患者多不能耐受，尤其是寒冷季节，需注意患者保暖和防冻。大面积烧伤冷水处理的时间不宜过久，以免耽误早期治疗的时机。

2. 冷敷料

冷敷料涂有一种含93%水分的特殊凝胶，用于烧伤创面后，因水分蒸发而使创面很快冷却，冷却效果可以持续8h。可为伤部提供一恒定、合适的温度，随时可用。目前，冷敷料在国外已在消防、工矿企业和部队广泛使用。

3. 现场处理合并伤

无论何种原因的热烧伤均有可能发生合并其他外伤，如严重车祸、爆炸事故等在烧伤同时可能合并有骨折、脑外伤、气胸或腹部脏器损伤等。这些均应按外伤急救原则做相应的紧急处理。如用急救包填塞包扎开放性气胸、制止大出血、简单固定骨折等，然后送附近医疗单位进一步抢救。如有呼吸道梗阻者，在现场应立即行环甲膜切开（紧急情况下而又无气管切开条件时才可施行，且应注意勿伤及喉部，以免以后发生喉狭窄）或用数根粗注射器针头刺入气管中以暂时缓解呼吸道梗阻。

4. 现场镇静止痛

热烧伤后伤者都有不同程度的疼痛和烦躁，可给予镇静止痛药物。一般轻度烧伤口服止痛片。用药后伤者仍有烦躁不安，可能为血容量不足的表现，应加强抗休克措施，不宜短时间内重复用药，以免造成累积中毒的危险。大面积热烧伤者由于伤后渗出、组织水肿，肌注药物吸收较差，多采用药物稀释后静脉注入或滴入，药物多选用哌替啶或与异丙嗪合用。应慎用或不用氯丙嗪，因用后能使心率加快，影响休克期复苏的病情判断，且有扩血管作用，在血容量未补足时，易导致发生休克。对小儿、老年伤者和有吸入性损伤、颅脑伤的伤者应慎用或不用哌替啶和吗啡，以免抑制呼吸，可改用地西泮（安定）、苯巴比妥或异丙嗪等。

5. 保护创面

伤员脱离现场后，应注意对烧伤创面的保护，防止再次污染。可用就近可得的清洁衣服、被单、床单覆盖创面并予以保暖。如内层能盖以医用纱布等无菌敷料，则更为理想。在现场对烧伤创面处理时，应初步估计烧伤面积和深度。对Ⅱ度烧伤的水疱和浮动的水疱表皮最好不要处理。创面尽量不要涂抹任何外用药物，尤其是油性的或带有颜色的药物（如汞溴红、甲紫等），以免影响转送到医院后治疗中对烧伤创面深度的判断和清创。创面不得涂搽红汞，因可经创面吸收而导致汞中毒。

（五）现场急救常见错误的处理方法及教训

人体皮肤内神经末梢非常丰富，烧伤或烫伤后往往疼痛难忍，很多人在受伤后第一反应是急着涂药膏，最容易病急乱投医，什么偏方、祖传秘方、道听途说的治疗经历等都会拿来用上。早期不适当的处理，往往会因伤口感染、创面加深而对后期的愈合造成不利影响，原本不会遗留疤痕的浅度热烧伤也因此在伤口愈合后残留明显瘢痕。门诊中经常遇到一些用错误的方法处理烧伤创面的情况，究其原因是我们习惯于惯性思维，凭过去的老经验，好心办了坏事。常见的错误处理方法主要有用烧碱处理烧伤创面，用高度白酒涂擦创面，用草木灰处理烧伤创面，用龙胆紫等作为外用药，用不洁或带色的衣物、被单包盖创面，盲目转运烧伤病人等。

1. 用烧碱处理热烧伤创面

很多人认为用烧碱处理创面可不起水泡，但不知道有水泡的创面只是Ⅱ度烧伤。Ⅲ度烧伤虽然不起水泡，但是烧伤深度达到皮肤全层。创面用烧碱后，烧碱与创面的渗出液反应产生热量会导致创面的加深。

2. 用高度白酒涂擦创面

之所以用高度白酒是因为自以为高度白酒有消毒作用，可以杀灭创面上的细菌。我们知道75%的酒精才有消毒作用，但一般高度白酒是不可能达到75%的浓度，另外热烧伤特别是浅度的烧伤，把酒喷洒在烧伤的创面上，一是病人疼痛难忍，甚至疼痛性休克；二是酒精经创面很快吸收甚至造成酒精中毒，特别是对于儿童简直就是二次伤害。

3. 用草木灰处理热烧伤创面

用草木灰处理热烧伤创面，是因为创面用了草木灰后，创面不再渗水或渗得比较少。热烧伤后由于皮肤屏障作用丧失，必定有组织液渗出，小面积的是局部渗液，而大面积的是全身渗液，随着病程的进展，渗液逐渐减少，而用草木灰外敷在热烧伤创面，无异于在墙上刷涂料，一是没有治疗作用，二是只能增加感染的机会，为后续的治疗增加了困难。

4. 用龙胆紫等作为外用药

用龙胆紫、红汞类及自己配置的药作为外用药，既影响对热烧伤创面深度的判断，也增加清创的困难和创面感染的机会。创面涂搽红汞会经创面吸收而导致汞中毒。

5．用不洁或带色的衣物、被单包盖创面

用不洁或带色的衣物、被单包盖创面，一是容易导致热烧伤创面的感染，二是烧伤创面的渗出液溶解了带色特别是劣质的衣物、被单的颜料并经创面吸收入伤者体内，导致伤者的脏器损伤。

6．盲目转运热烧伤病人

热烧伤病人的转运，也是一个必须注意的问题。除非发生事故的现场距离医院很近或转运的交通工具速度非常快，一般情况下先要在现场给予必要的处理。特别要注意在密闭房间里的热烧伤或危险化学品的中毒，注意是否有呼吸道的烧伤或痉挛，如有呼吸道烧伤或痉挛情况要在现场给予适当的处理，包括吸氧，严重者给予气管插管或气管切开，并要给予输液等处理。否则长途转运是非常危险的。

三、化学烧伤的现场急救

（一）化学烧伤的特点

（1）危险化学品烧伤常伴随危险化学品的全身中毒。各种化学品在体内的吸收、储存、排泄的方式不一样，但大多数经肝解毒，由肾排出，因此一般会造成肝、肾损伤。

（2）吸入具有挥发性的化学物质可导致呼吸道烧伤，或合并呼吸系统并发症，产生肺水肿、支气管肺炎等，最终影响肺内的气体交换。

（3）个别危险化学品烧伤不能以创面大小判断伤者严重程度。有时烧伤创面虽小，但中毒症状较重，甚至造成伤者死亡，如黄磷烧伤。

（4）危险化学品烧伤常伴有眼睛烧伤。

（5）危险化学品烧伤主要通过氧化、还原、脱水、腐蚀、溶脂、凝固或液化蛋白等作用致伤，损伤的程度多与危险化学品的种类、毒性、浓度、剂量和接触时间有关。与热烧伤不同之处是体表上化学致伤物质的损害作用要持续到被清除或被组织完全中和和耗尽方能停止，因此其创面愈合的时间较单纯热烧伤创面愈合的时间要长得多。

（二）化学烧伤的现场处理方法

化学品对人体有腐蚀作用，易造成化学灼伤。化学品造成的灼伤与一般火灾的烧烫伤不同，开始时往往不痛，但感觉痛时组织已被灼伤。所以，当人体组织

触及化学品时，不管是否被灼伤，均应迅速采取急救措施：

1. 立即脱离危害源

应立即脱离危害源，就近迅速清除伤员患处的残余化学物质。

2. 迅速脱去化学物质浸渍的衣服

所有化学烧伤均应迅速脱去化学物质浸渍的衣服。脱衣动作既要迅速、敏捷，又要小心、谨慎。套式衣裙宜向下脱，而不应向上脱，以免浸污烧伤面部，伤及眼部损伤视力。

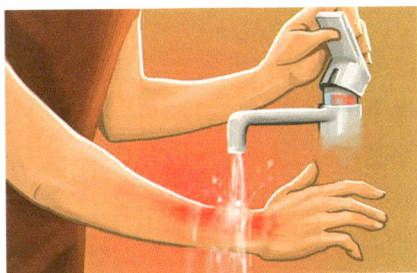

图4-8　化学烧伤的冲淋

3. 用清洁水冲淋

化学烧伤的严重程度除与化学物质的性质和浓度有关外，多与接触时间有关。因此无论何种化学物质烧伤，均应立即用大量清洁水冲淋至少20min以上，可冲淡和清除残留的化学物质，如图4-8所示。

（三）不同化学品烧伤的现场急救措施

1. 酸烧伤

（1）冲洗。皮肤接触强酸时首先用大量清水反复冲洗伤处，冲洗越早、越彻底就越好。有些腐蚀性酸烧伤，如石炭酸，其脱水作用不如强酸强，但可被吸收进入血循环而损害肾脏。石炭酸不易溶解于水，清水冲洗后，可以70%酒精清洗。氢氟酸，其穿透性很强，能溶解脂质，继续向周围和深处侵入，扩大与加深的损害作用明显。应立即用大量清水冲洗，随后用5%～10%葡萄糖酸钙加入1%普鲁卡因沿创周浸润注射，使残存的氢氟酸化合成氟化钙，可停止其继续对组织的扩散与侵入。

（2）保护剂。口服强酸时，尽快服用牛奶、酸奶或豆浆，保护胃黏膜，防止胃穿孔。

（3）减少吸入。事故现场吸入高浓度强酸蒸汽者，应尽快脱离现场，解开紧身的衣领、裤袋，保持呼吸道畅通。

2. 碱烧伤

（1）冲洗。皮肤接触强酸时，首先脱去浸有碱液的衣物，然后立即用大量流动的清水持续冲洗20～30min，再用3%硼酸液或2%的脂酸液湿敷。冲洗前，不能直接使用弱酸中和剂，以免中和反应产生热量，使灼伤加重。碱烧伤中的生石灰和电石的烧伤必须在清水冲洗前，先去除伤处的颗粒或粉末，以免水冲后产生热量对组织产生损伤作用。

（2）中和剂。口服强碱时，尽快服用弱酸中和剂，如食醋、橙汁等。继之服用生鸡蛋清加水、牛奶，以保护消化道黏膜。禁止洗胃、催吐，以免食道与胃破裂或穿孔。

3. 磷烧伤

磷极易燃烧。急救时应立即扑灭火焰，脱去污染的衣服；用大量流动水冲洗创面，并将伤处浸入水中，洗掉磷颗粒，同时使残留的磷与空气隔绝，阻断燃烧过程；然后用 1% 硫酸铜涂抹，以使残留磷生成黑色的无毒性的二磷化三铜（不再燃烧），再用水冲去；最后再用 3% 双氧水或 5% 小苏打水冲洗，使磷渣再氧化成磷酐（无毒），便于识别和移除。但必须控制硫酸铜的浓度不超过 1%，如浓度过高，反可招致铜中毒。如现场一时缺水，可用多层湿布包扎创面，以使磷与空气隔绝，防止继续燃烧。忌用油质敷料包扎创面，因磷易溶于油脂，增加磷的溶解与吸收，而更易促进磷的吸收导致全身中毒，适用 3%～5% 碳酸氢钠湿敷包扎。

4. 甲醛烧伤

甲醛触及皮肤时，先用清水冲洗，再用酒精擦洗，然后涂以甘油。

（四）化学性眼烧伤的现场急救措施

化学性眼烧伤也称化学品入眼。化学品入眼如果处理不及时，可导致视力下降、失明等严重后果。化学品入眼烧伤中 17% 为固体化学物引起，31% 为液体化学物所引起，52% 为化学物烟雾所致，在这些化学性眼烧伤中，可因化学物质直接接触眼部所致，也可通过皮肤、呼吸道、消化道等全身性的吸收而影响于眼、视路或视中枢而造成损伤。

1. 化学性眼烧伤的机理及表现

（1）眼部酸烧伤。酸性物质分有机酸与无机酸两大类，溶于水、不溶于脂肪。酸性物质易为角膜上皮所阻止，因角膜上皮是嗜脂肪性组织，但高浓度酸与组织接触后，使组织蛋白凝固坏死，形成痂膜，可阻止剩余的酸继续向深层渗透。无机酸分子小，结构简单，活动性强，容易渗入组织。因此，无机酸所致的组织损伤较有机酸为重。

酸烧伤的创面较浅，边界清楚，坏死组织较易脱落和修复。浓硫酸吸水性强，可使有机物变成炭呈黑色，硝酸创面初为黄色，后转变为黄褐色；盐酸腐蚀性较差，亦呈黄褐色。有机酸中以三氯醋酸的腐蚀性最强，可使组织呈白色坏死。

（2）眼部碱烧伤。在眼部化学烧伤中，碱烧伤发展快，病程长，并发症多。常见的碱性物有氢氧化钾、氢氧化钠、氢氧化钙、氨水和硅酸钠（泡花碱）等。

碱能与细胞核中的脂类发生皂化反应，同时又与组织蛋白形成可溶于水的碱性蛋白，形成的化合物具有双相溶解性（既能水溶又能脂溶），因而破坏了角膜上皮屏障，并很快穿透眼球的各层组织。碱进入细胞后，pH 值迅速升高，使碱性物质与细胞成分形成的化合物更易溶解。而且在碱性环境中有利于细胞膜脂类的乳化，进而导致细胞膜的破坏。碱性细胞蛋白有很强的破坏作用，能毁坏细胞的酶和结构蛋白，轻的碱烧伤影响酶蛋白，使细胞的生命过程受到抑制，重的碱烧伤可直接破坏细胞核蛋白，迅速导致组织广泛凝固坏死。碱性化合物常发生角膜缘血管网的血栓形成和坏死，严重地影响角膜营养，降低角膜的抵抗力，而易继发感染，使之发生溃疡或穿孔。

正常人角膜上皮无胶原酶，但碱烧伤的角膜上皮和其他原因所致的角膜溃疡组织中含有大量胶原酶，能消化分解胶原。碱烧伤后的第 2 周至 2 月是角膜胶原酶释放的高峰期，易形成溃疡穿孔，皮质类固醇能增强胶原酶的溶解作用，故此期应禁用此类药物滴眼。

（3）眼部电石、石灰烧伤。电石、石灰遇水会产生大量热量，烧坏眼部组织。同时，石灰遇水产生化学反应生成的氢氧化钙还会造成眼部碱烧伤。

2. 化学性眼烧伤的应急处理

（1）酸碱入眼。如果一旦发生酸碱化学性眼烧伤，要立即用大量细流清水冲洗眼睛（见图 4-9），即用自来水、井水、河水、盆内水甚至手边的茶水冲洗，要争分夺秒，以达到清洗和稀释的目的。但要注意水压不能高，还要避免水流直射眼球和用手揉搓眼睛。冲洗时要睁眼，眼球要不断地转动，持续 15~20min。如面部没有灼伤，也可将整个脸部浸入水盆中，用手把上下眼皮扒开，暴露角膜和结膜，同时睁大眼睛，头部在水中左右晃动，使眼睛里的化学物质残留物被水冲掉，然后用生理盐水冲洗一遍。眼睛经冲洗后，可滴用中和溶液（酸烧伤用 2%的碳酸氢钠溶液，碱烧伤用 20% 的硼酸液）做进一步冲洗。最后，滴用抗生素眼药水或眼膏以防止细菌感染，然后将眼睛用纱布或干净手帕蒙起，送往医院治疗。

（2）电石、石灰入眼。对于电石、石灰烧伤眼睛者，须先用蘸石蜡或植物油的镊子或棉签，将眼部的电石、石灰颗粒剔去，然后再用大量水清洗，冲洗时间不少于 30min。冲洗后，伤眼可滴入 1%的阿托品眼药水及抗生素眼药水，再用干纱布或手

图 4-9　清水冲洗眼

帕遮盖伤眼，去医院治疗。注意在电石、石灰颗粒或粉末未被清理干净前，千万不要用水冲洗。

（五）化学烧伤的预防

（1）改善生产工艺，减少化学品生产、储运过程中的跑、冒、滴、漏现象。

（2）加强个人防护。如佩戴防毒面具、化学安全防护眼镜和化学防护手套等。

（3）严格遵守操作规程。如搬运或倾倒浓酸、浓碱或强氧化剂等，要小心谨慎，防止容器破碎，溶液洒到衣物或身体上；实验室取用有毒及腐蚀性药品（如固体苛性钠、过氧化钠等）时，不得直接用手拿，而应用瓷匙或镊子取用；化学实验室或有危险化学品的工作场所里必须按照劳动保护要求着装，并禁止吸烟、进食，禁止赤膊、穿拖鞋；实验室尽量避免吸入任何有毒药品和溶剂蒸气等。

（4）对经常接触或使用危险化学品的相关人员，必须进行危险化学品烧伤、中毒的现场逃生、自救和急救技术岗前培训并经常进行类似演练。

复习思考题 ❓

1. 什么是烧伤？烧伤按致伤原因分哪几类？
2. 烧伤的分哪三期？
3. 如何用九分法估算烧伤面积？
4. 如何用三度四分法判断烧伤深度？
5. 热烧伤现场急救原则是什么？
6. 热烧伤现场急救方法是什么？
7. 热烧伤常用现场处理的措施有哪些？如何进行现场急救处理？
8. 烧伤现场急救常见错误的处理方法有哪些？
9. 化学烧伤的特点是什么？
10. 酸烧伤现场急救处理措施有哪些？
11. 碱烧伤现场急救处理措施有哪些？
12. 磷烧伤现场急救处理措施有哪些？
13. 化学性眼烧伤有哪几种？各有何特点？
14. 化学性眼烧伤的应急处理方法有哪些？
15. 化学烧伤的预防措施有哪些？

课题三　溺　　　水

【培训目的】

1. 正确理解溺水的种类及其对人的危害。
2. 熟练掌握溺水者现场自救的方法。
3. 熟练掌握不同部位的肌肉痉挛的自救方法。
4. 熟练掌握深水区徒手施救技术要点和急救方法。
5. 正确理解下水施救注意事项。
6. 熟练掌握溺水者上岸后的急救处理方法。
7. 正确理解溺水的预防措施。

【培训知识点】

1. 溺水的种类及其对人的危害。
2. 下水施救注意事项。
3. 深水区徒手施救技术要点。
4. 溺水者上岸后的急救处理方法。
5. 溺水的预防措施。

【培训技能点】

1. 溺水者现场自救的操作。
2. 岸上施救的操作。
3. 深水区徒手施救接近的操作。
4. 深水区徒手施救解脱的操作。
5. 深水区徒手施救寻找的操作。
6. 深水区徒手施救拖带的操作。
7. 深水区徒手施救上岸的操作。
8. 深水区徒手施救肩背运送的操作。

一、溺水与溺死

溺水，又称淹溺，是人淹没于水中，呼吸道被水、污泥、杂草等堵塞，发生换气障碍，或喉头、气管发生反射性痉挛引起的窒息，如图4-10所示。溺水者往往神志不清、呼吸停止、心跳微弱或已停止跳动、四肢冰凉、胃部胀满、周身发绀，若不及时抢救处理常会危及生命。

图4-10　溺水

溺死，淹水后窒息且心脏停搏者称为溺死。溺死是水或其他液体进入呼吸道和肺泡引起窒息而死亡的。据WTO 2000年统计，全球每年约45万人溺死。据资料统计，中国溺水死亡率为8.77%。其中0~14岁的儿童占56.6%，是这个年龄阶段的第一死因，特别是农村地区。

二、溺水对人的危害

（1）溺水者身体下沉入水中，不能吸入氧气。缺氧是溺水死亡的直接原因。

（2）溺水者呼吸道和肺内全部充满水，致肺水肿，不能使氧气通过呼吸道进入肺内，不能进行气体交换，造成急性肺水肿。

（3）溺水者因恐惧而张口大声呼喊，水经口被动进入消化道，又经吸收到血液循环系统，引起血液渗透压力改变，电解质的紊乱，严重扰乱了正常的血液循环。

（4）溺水者气道内呛入异物（泥沙、杂草、海藻等）或因冷水或因吸入刺激而引发反射性咽喉痉挛造成气道阻塞，致人窒息。因溺水者不断挣扎，使窒息更加严重，致缺氧更重，最终昏迷。

（5）对溺水者进行施救的人，由于没有经过急救训练，或营救方法不对，或营救地点距岸边太远，施救者体力不支，从而造成了施救者和被救者的双重不幸。

三、溺水的种类

1. 干性淹溺与湿性淹溺

（1）干性淹溺。人入水以后，因受强烈刺激（如惊慌、恐惧、骤然寒冷等），引起喉头痉挛，以致呼吸道完全梗阻，造成窒息死亡。当喉头痉挛时，心脏可反射性地停搏，也可因窒息、心肌缺氧而致心脏停搏。溺死者中约 10% 可能为干性淹溺。

（2）湿性淹溺。人淹没于水中，本能地引起反应性屏气，避免水进入呼吸道。但由于缺氧不能坚持屏气而被迫深呼吸，从而使大量水进入呼吸道和肺泡，阻滞气体交换，引起全身缺氧和二氧化碳潴留，呼吸道内的水迅速经肺泡吸收到血液循环系统。

2. 淡水溺水与海水溺水

（1）淡水溺水。淡水进入呼吸道后影响通气和气体交换，并很快被吸收到血液中导致溶血，释放出大量的钾，影响心脏功能，导致心室颤动而致心脏停搏，溶血后过量的游离血红蛋白堵塞肾小管，可造成急性肾功能衰竭。吸入淡水后，肺泡表面的活性物质减少，使肺泡萎缩，进一步阻滞气体交换，造成全身缺氧。

（2）海水溺水。发生在海水中，高渗性的海水吸入肺里，使血浆蛋白由血液循环渗入肺泡内，导致肺水肿，引起低氧血症。

四、溺水者的现场自救

当突然遭遇洪水袭击而落水，暂时无舟、艇等救生器材，或因流速较大，舟、艇无法进入等情况时，必须采取自我保护和脱困措施。溺水后切忌大喊大叫，猛烈挣扎。挣扎能快速消耗体力且易被水草缠绕；大喊大叫，下沉时易吞下更多的水。

根据不同的具体情况，溺水自救的方法也不尽相同，具体方法如下：

1. 利用漂浮物求生

如救生圈、救生袋、救生枕、木板、木块等漂浮物，利用其在水中的漂浮来求生。

2. 徒手漂浮求生

溺水后应立即采取仰泳姿势，头部向后仰，口向上方口鼻露出水面，呼气宜浅，吸气宜深，也可以深吸一口气后闭嘴，因为这时人体的比重降至 0.967，比水略轻，可浮出水面。而呼气时人体比重为 1.057，比水略重，容易身体下沉。利用本身的浮力（如水母漂、十字漂、仰卧漂等），在水中漂浮自救，即用最少的体力，在水中维持最长的生机。

3. 肌肉痉挛自救

肌肉痉挛也称肌肉抽筋，是指人在水中活动时，由于肌肉组织受到强烈刺激，进而血管收缩而造成局部血液循环不良，从而导致肌肉发生剧烈收缩的现象。水温太低，寒冷的刺激；运动前没做充分的准备活动；运动时间过长，肌肉过度疲劳；运动姿势不正确；运动强度过大或运动过程中突然改变运动方向；精神过于紧张等情况都可能引起肌肉痉挛。

图 4-11　手指肌肉痉挛解救法

发生肌肉痉挛常见的部位是手指、手掌、脚趾、小腿、大腿和腹部等。无论肌肉痉挛发生在什么部位，都要平心静气，及时采取拉长肌肉的办法，进行解救，否则容易出现危险，具体方法如下：

图 4-12　上臂后面肌肉痉挛解救法

（1）手指肌肉痉挛解救方法。先将手握拳，然后用力张开，伸直，反复做几次后即可消除，如图 4-11 所示。

（2）手掌肌肉痉挛解救法。用双手合掌向左右按压，反复做几次即可消除。

（3）前臂及上臂前面肌肉痉挛解救法。用一只手抓住痉挛的手尽量向手臂背侧做局部伸腕动作，然后放松，反复做几次即可缓解。

（4）前臂后面肌肉痉挛解救法。用一只手托住患臂的手背，尽量做曲腕动作，然后放松，反复做几次则可缓解。

（5）上臂后面肌肉痉挛解救法。先将痉挛的手臂曲肘向后，用另外一只手托住其肘部弯向后，即可对抗后面的肌肉痉挛，反复做几次则可缓解，如图 4-12 所示。

（6）大腿前面肌肉痉挛解救法。先吸一口气，仰浮水面，使抽筋的腿屈曲，然后用双手抱住小腿用力使其贴在大腿上，同时加以振颤动作，可使其恢复。或用同一侧手抓住痉挛腿的脚，尽量使其向后伸直，反复几次后即可缓解。

（7）大腿后面肌肉痉挛解救法。用同一侧手按住膝盖，然后另一只手抓住脚

图 4-13　大腿后面肌肉痉挛解救法

趾，尽量往上抬起或双手抱住大腿使髋关节做局部的弯曲动作也可缓解，如图 4-13 所示。

（8）小腿前面肌肉痉挛解救法。先用一只手抓住脚趾尽量往下压，借以对抗小腿前面肌肉的强直收缩即可缓解。

（9）小腿后面肌和脚趾肌肉痉挛解救法。小腿后面肌肉痉挛较常见，可先吸一口气，仰浮在水面上，一手按住膝盖，另外一只手抓住脚底（或脚趾）做勾脚动作，并用力向身体方向拉，反复做几次以后，放松片刻，肌肉痉挛部位则可缓解。

（10）腹部肌肉痉挛解救法。可在水面先挺住一会，然后用双手做顺时针按摩，反复做几次可缓解。

4. 在激浪中自救游回岸边

（1）可借助波浪的冲力，尽量浮在浪头上，乘势前冲。

（2）采用"身体冲浪技术"，以增加前进的速度。浪头一到，马上挺直身体，抬起头，下巴向前，双臂向前平伸或向后平放，身体保持冲浪板状。

（3）双脚能踩到底时，要顶住浪与浪之间的回流，必要时弯腰蹲在水底。

五、溺水情况判断

溺水情况判断的正确与否，是直接关系到施救者采用哪一种救生技术，是溺水救援成功与否的关键。

首先判断溺水者有无意识。当水中发现溺水者时，应首先判断溺水者有无意识，采取看、听的方法，如溺水者在水中挣扎并发出求救的喊声，则溺水者尚有意识。溺水者在水中不能自主地支配肢体动作，并且缓慢下沉或已沉入水底，则溺水者已丧失了意识。通过观察询问进一步判断溺水者是否受伤。

判断后应迅速采用规范的救生技术动作进行溺水施救。

六、溺水施救方法

由于溺水者所处水域、地点、危险点的情况各不相同，施救者也应根据救援时的周边情况，因地、因人而异，采取不同的施救方法。溺水的施救方法有岸上施救、水中徒手施救、用冲锋舟施救和用索具施救等。

（一）岸上施救

岸上施救就是施救者在岸边利用水域现场的救生器材（如救生圈、竹竿、绳子等），对较清醒的溺水者进行施救的一种救生技术。

1. 手援

在离池岸较近距离发生溺水事故时，可用手直接将溺水者拖救上岸。

2. 救生圈施救

救生圈是户外或游泳池常用的救生工具。救生圈一般抛投距离为施救者与溺水者之间 5～8m 的扇面范围。救生圈可系绳子或不系绳子。在不系绳子抛掷救生圈时，应目测与溺水者的距离。手抛时应注意风向、风速及救生圈的轻重。系绳子抛掷救生圈的技术要求与不系绳抛掷救生圈相同，但抛投前要事先整理好绳子，手抛时一手一定要握紧或用脚踩住绳子的另一端。当溺水者抓住救生圈后，将其拖至岸边救起，如图 4-14 所示。

（a）　　　　　　　　　　　（b）

图 4-14　救生圈施救

（a）抛投救生圈；（b）将溺水者拖至岸边

3. 救生竿施救

救生竿是常用的间接救生的器材之一。救生竿一般为长 3～4m 的竹竿，用周长约 90cm 的橡皮圈固定在竹竿的一端。当发现溺水者在救生竿施救范围内时，可将救生竿橡皮圈固定的一端由下而上递给溺水者，若救生竿前没有橡皮圈，可用竿轻轻点击溺水者的肩部，待其抓住套（竿）后，将其拖到池（岸）边。向溺水者伸竿时，注意不能捅戳伤溺水者，不能敲击溺水者的头部，不要伤害溺水者的喉、咽、气管及其他器官等，如图 4-15 所示。

图 4-15　救生竿施救

161

4．救生球施救

救生球为充气的标准篮球，装在网子里，系在主绳上。主绳长 15～20m、直径 6mm，由大麻、尼龙或有浮力的类似材质编织而成。在投抛救生球前，要先整理好绳子，投抛时两脚前后开立，一手抓住绳子的未系救生球的一端或用脚踩住，眼睛看准溺水者位置，另一手抓系结处，利用手臂、腿部及腰腹的力量将球抛出，如图 4-16 所示。

5．其他救生器物施救

当发生溺水情况时，由于情况紧急，施救者一时手边没有救生圈、救生竿、救生球，可根据溺水者的当时情况，利用一些其他物品进行施救，如毛巾、救生衣、泡沫塑料板、木板、长棍、绳子、球等。递或抛给溺水者，但应以不伤害溺水者为原则。如图 4-17 所示为用木棍进行救援。

图 4-16　救生球施救　　　图 4-17　用木棍施救

（二）水中徒手施救

水中徒手施救就是施救者在没有或无法利用救生器具解救溺水者，或溺水者已处于昏迷状态无法使用救生器具时，施救者通过涉水、游泳等方式靠近并解救溺水者。

1．浅水区徒手施救

在浅水区（1.5m 及以下），一般采用直接涉水的方法，将被救者背至就近的安全点。若流速较大而影响涉水，其他人员可手挽手在上游一侧搭成人墙，以减缓流速，使救援者安全救人；若被救者是老人或小孩，且人数较多时，可采用接力的形式将被救者送往安全地。

2．深水区徒手施救

在深水区（1.5m 以上），通常采用游泳的方式将被救者携带（推、拉）至安全地点。要求：一是要选好安全点和携带路线；二是所有救援者必须穿上救生衣；三是救援时，一般以一人一次救一人为宜；若被救者不识水性，应先向其投一救生圈，以稳定险情，然后再将其携带至安全点。深水区游泳施救技术比较复杂，对施救者本人来说也具有一定的危险性。施救者在水中尽可能地利用救生器材，以保证自身安全。

深水区游泳施救包括入水、接近、解脱、寻找、拖带、上岸、运送等环节。

（1）入水。入水就是施救者发现溺水情况时，迅速跳入水中。

（2）接近。接近就是施救者及时靠近并有效地控制溺水者。接近分背面接近、侧面接近和正面接近。在接近时，施救者应与其保持一定的安全距离，并在接近后尽可能地从溺水者背后做动作，以确保自身的安全。对精疲力尽的溺水者，施救者可从头部接近。对神志不清的溺水者，施救者施救者要从背后接近。具体方法是：当溺水者停留在水面时，施救者游到距溺水者1m处要急停、踩水、深吸气，稳定一下情绪，准确地从溺水者的身后接近。用一只手从背后抱住淹溺者的左肩处夹胸托右腋，另一手臂游泳，用仰泳方法将落水者拖到岸边。

（3）解脱。解脱就是施救者采取合理的技术动作及时解除溺水者的抓抱，并有效地控制溺水者。解脱方法主要有转腕［见图4-18（a）］、托肘［见图4-18（b）］、推扭［见图4-18（c）］、扳指［见图4-18（d）］、推击［见图4-18（e）］等。

图4-18 解脱方法
（a）转腕解脱法；（b）托肘解脱法；（c）推扭解脱法；
（d）扳指解脱法；（e）推击解脱法

如单手（臂）被抓，可用转腕法或推击法。上臂被抓时也用推击法。施救者若被溺水者从正面搂住，应把头低下潜入水中，并将溺水者的双臂向上推过头顶，迅速脱身；施救者若是从后面被搂住头颈部，应马上低下头保护咽喉，然后抓住其上面一只手腕往下拉，同时用另一只手托起其肘部脱身；施救者如果被抓住一只脚，则迅速用另一只脚踹溺水者的肩膀，迅速脱身。如果以上方法都无法脱身，可深深吸一口气，然后与溺水者一同沉下水中，突然下沉的结果往往会使溺水者放手。

（4）寻找。当溺水者沉没时，施救者必须采取有效的寻找方法，尽快地发现溺水者并将其救出水面。常见寻找方法有折线形寻找法、"之"字形寻找法、圆形寻找法、排列式寻找法、方形寻找法、多层次寻找法等。

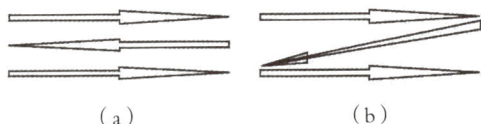

1）折线形寻找法和"之"字形寻找法。如图 4-19 所示，施救者可根据自己潜泳憋气时间的长短来决定直线探索的距离。在探索过程中，施救者潜至水底，眼睛来回扫视可视的范围。双手以肩部为圆心，来回做弧形的搜索。脚部用蛙泳腿或自由泳腿。换气折返时，一定要以某个标志为参照物，这样不易漏看。

图 4-19　折线形寻找法和"之"字形寻找法

（a）折线寻找法；（b）"之"字寻找法

2）圆形寻找法。如图 4-20 所示，以某个特定的点作为圆心，如水线、水道等，搜索的线路为圆弧形。施救者潜至水底，眼睛来回扫视可视的范围。双手以肩部为圆心，来回做弧形的搜索。脚部用蛙泳腿或自由泳腿。当换气时露出水面后，第二次潜入水中时，一定要后退 1m 左右，以免因上下换气而漏看。

3）排列形寻找法。如搜索的区域范围较大，多名施救者可一字排开，施救者之间为两臂侧平举的距离或参加搜救人员二人之间可视觉的范围，并根据憋气最短的施救者或以某个参照物（水线、水道、救生台等）为基准作为折返点，平行向一个方向搜索，如图 4-21 所示。

4）方形寻找法。如果搜索区域不大，而且施救者人数足够时，可用方形搜索的方法，如图 4-22 所示，搜索方法同"排列形寻找法"，但不要折返。

5）多层次寻找法。由于搜索的失败，用"排列形寻找法"或"方

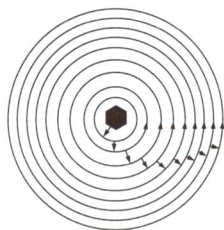

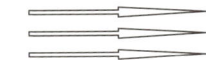

图 4-21　排列形寻找法

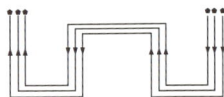

图 4-20　圆形寻找法　　图 4-22　方形寻找法

形寻找法"再从新组织施救者进行一次搜索，密切注意重点区域。在搜索过程中，新、老施救者，技术好的和技术相对较差的施救者应间隔排列，并临时选出一名队长担任统一指挥，步调一致。搜索前必须讲明搜索的要求和方法等。

（5）拖带。拖带就是施救者徒手在水上运送溺水者。无论采用何种拖带方法，都应使溺水者的口鼻保持在水面上，以保证溺水者的呼吸。在拖带的过程中，应使被拖带者的身体位置尽可能呈水平，以利于拖带和节省施救者的体力。

1）托枕拖带法。施救者托住溺水者的后脑（枕部）。采用侧泳或反蛙泳游进，如图4-23（a）所示。

2）夹胸拖带法。夹胸拖带法较适宜于身材高大、臂长、体力较好的施救者。可采用蛙泳或侧泳技术游进，如图4-23（b）所示。

3）双手托颌拖带法。施救者托住溺水者的颌骨处，使溺水者的口鼻始终保持在水面上，用反蛙泳技术游进，如图4-23（c）所示。

4）托双腋拖带法。托双腋拖带法比较省力，易于控制溺水者。可用反蛙泳腿技术进行拖带，如图4-23（d）所示。

图4-23 拖带方法

（a）托枕拖带法；（b）夹胸拖带法；（c）双手托颌拖带法；（d）托双腋拖带法

5）穿背握臂拖带法。在水域较大时，由于施救者单人拖运的距离较长，拖运的体力不支时采用此法。易于观察游向，又较省力。以左手为例，施救者在溺水者的左侧后方，用左臂由前向后穿越溺水者的左腋下，经背部抓握其右上臂。用单手侧泳或单手蛙泳将溺水者拖带游进。

（6）上岸。上岸就是施救者将溺水者拖救出水。无论采用哪种上岸的方法，其目的是尽快地将溺水者迅速安全地送到岸上进行抢救。

这里主要介绍岸边压手上岸法。由于水面距离岸边地面有一定高度或只有一名施救者在场时采用此法。其方法是：①将溺水者从深水区拖带至岸边时，施救者一手抓攀池岸边定位，夹胸的手将溺水者移近岸边，如图4-24（a）所示。②以夹胸的右手顺着溺水者的左上臂前移至手关节处，将溺水者左手压在岸边；施救者将抓边定位的左手移压在溺水者的左手背上，腾出右手；用右手抓握住溺水者的右手，移至溺水者的左手背上重叠，并用右手将溺水者重叠的双手紧压在岸边，左手抓攀岸边，在溺水者的左侧双手用力撑起上岸，如图4-24（b）所示。③施救者上岸后，右手不能离开溺水者重叠的双手并后转面对溺水者；左手抓住溺水者的左腕，右手抓紧溺水者的右腕，稍微提起将溺水者转体180° 背对岸边，如图4-24（c）所示。④施救者双脚左右开立，与肩同宽，先将溺水者向上预提一下（利用水的浮力），然后用力将溺水者上提至岸上，坐于施救者两脚间的岸边上，如图4-24（d）所示。

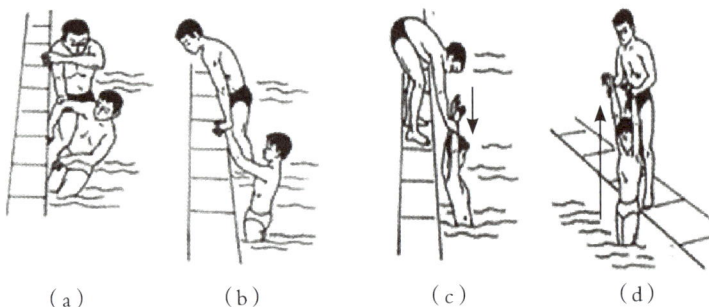

图4-24　上岸方法

（a）岸边定位；（b）施救者上岸；（c）将溺水者翻转180°；（d）提拉溺水者上岸

（7）运送。运送就是施救者将溺水者送至现场急救室或邻近医院。运送可用肩背、急救板等方法。

1）肩背运送法。肩背运送法是一项比较实用的技术，但施救者必须确定溺水者无脊柱受伤方可采用此方法。肩背运送法的操作步骤是：

①上托坐腿。将平躺溺水者的双膝形成屈位，施救者把右脚放到溺水者双膝中间的臀部位置，形成半蹲姿势。施救者左右手先后穿过溺水者两肩腋下，十指紧扣形成锁位。锁紧后，接着用力把溺水者身体拉起来，坐在自己右腿上。

②抄裆上肩。施救者用右肩顶在溺水者的腹部以便让溺水者软躺在施救者背上；施救者用自己右臂从溺水者的两腿之间穿过，用左手抓住溺水者的右臂再转

交给右手，右手紧扣溺水者右臂上半部；施救者用左手从背后扶住溺水者的头部。

③肩背起立。施救者站立起来运送，同时用肩膀颠簸溺水者几次，以达到倒水的目的。

④放下。到达运送指定地点时，施救者半蹲，让溺水者坐在自己右腿上。坐稳后，施救者先后放开左右手并穿过溺水者两肩腋下形成十指紧扣的锁位，顺势左脚向溺水者右侧面上前一步，弯腰让溺水者慢慢躺下。溺水者快要躺到地面时，施救者左手顺势护着他的头部，将溺水者的双腿伸直。

肩背运送能够起到运送、倒水、畅通呼吸道和挤压心胸区作用，有利于溺水者的心肺复苏。

肩背运送时，如有其他施救者在旁接应配合，则一人按以上"上肩"动作操作，另一人在上托坐腿、抄裆上肩、肩背起立需用力时，给以帮助。

2）急救板运送法。急救板由救生板、头部固定器、绑带组成，在常温水中可浮起一成年人，可用于水中救援溺水者，也可用于运送溺水者。对脊柱受伤或疑似脊柱受伤的溺水者采用此方法。急救板运送前，先把溺水者的胸部固定在板上，再将其颈部和身体的其他部位固定在板上。

3.下水施救注意事项

（1）下水施救，一般要从溺水者后方出手相救。除非溺水者已经昏迷，否则正面接触，容易被溺水者拼命抓住，救人不成反造成更大的灾难。

（2）如果不会游泳，最好不要贸然下水。可一边呼救，一边将绳子、救生圈、木板、长竹竿投向溺水者，使其延缓下沉时间。

（3）下水前脱掉衣服、鞋袜等。

（4）准确判断溺水者的位置。

（5）从溺水者斜上方入水，顺流而下。

（6）千万注意不要让溺水者缠上身来。如呼叫没有反应，不得不游过去，而溺水者又忽然伸手相缠，就必须立刻后退，退至溺水者抓不到处，抛一块布、一条毛巾或救生圈，让溺水者抓住一头，自己拉住另一头拖他上岸。

（7）如溺水者脸朝下浮起，必须翻转背部使脸朝上。

（三）用冲锋舟、橡皮艇施救

冲锋舟、橡皮艇是一种高效实用、机动灵活、搬运方便的施救工具，被群众称为"生命之舟"。在1998年抗洪抢险中，湖北消防总队就是用冲锋舟在短短的时间里，救出被困群众上千人。可见，冲锋舟这种高效实用的施救工具，只要运用得当，在水上救援行动中是大有可为的。

1. 对落水人员进行救援

选好航线，准确靠拢落水者，直接将落水者救起。如果舟与落水者相隔一定的距离，应先向其投救生圈，再将钩篙的一端送往落水者或将救生绳投向落水者，将其拉至舟边后救起。

2. 对被困点人员进行救援

被困点是指被洪水围困的楼房、树木、电线杆、高地等。被困点一般水流较急，冲锋舟难以接近，救援行动的成败关键在于采取正确的操舟接近方法，及时靠上被困点。

（四）用索具施救

在水流湍急、冲锋舟难以接近的被困点，可采用索具施救，主要有以下三种方法：

（1）利用索具制作保险扶手。此法用于流速大，水不太深的地段。设置方法：在安全地点与被困点之间将绳索张紧，高度不要离水面太高，两端必须固定牢固。供施救者和被救者沿绳索前进，防止人员被洪水冲走，起保险作用。

（2）利用钢索制作临时摆渡。此法用于距离适当、水深且流速大的地段。设置方法：将钢索固定在安全点与被困点之间，把舟的一端固定在钢索的滑轮上，操纵钢索，即可使舟在两点之间来回运动，运载人员和物资。

（3）架设索道桥。将两根钢索水平、平行地固定于安全点与被困点之间，在其上铺设、固定木板或竹夹板等材料，构成索道桥，供被困人员从桥面通过。由于索道桥容易摇晃，为确保安全，应慢速通行，并派专人负责搀扶。

七、溺水者上岸后的急救处理

溺水后存活与否的关键是溺水时间的长短、水温的高低、溺水者年龄的大小、心肺复苏的及时有效等。冬季溺水，低温可降低组织氧耗，延长了溺水者可能生存的时间，因此即使溺水长达 1h，也应积极抢救。

（1）溺水者的救治贵在一个"早"字。将溺水者救上岸，首先要做的不是急忙找医生或送医院，而是迅速检查溺水者是否有呼吸和心跳，对仍有呼吸心跳的溺水者，可给予倒水处理：立即清除其口、鼻咽腔内的水、泥及污物，用纱布（手帕）裹着手指将溺水者舌头拉出口外，解开衣扣、领口，以保持呼吸道通畅，然后抱起溺水者双腿将其腹部放在急救者的肩上，快步奔跑，一方面可使肺内积水排出，另一方面也有协助呼吸的作用；或者急救者取半跪位，将溺水者的腹部放在急救者腿上，使其头部下垂，并用手平压腹部进行倒水，时间为 1~2min，如图 4-25 所示。注意，千万不要因控水时间过长，延误了抢救的时机。

（2）湿衣服吸收体温，妨碍胸部扩张，使人工呼吸无效。抢救时，应脱去湿衣服，盖上毛毯等保温。

（3）将溺水者头后仰，抬高下颌，使气道开放，保持呼吸道通畅。

（4）呼吸停止者应立即进行口对口人工呼吸；心搏停止者应先进行胸外心脏按压，直到心跳恢复为止。

图 4-25　倒水处理

（5）经现场初步抢救，若溺水者呼吸心跳已经逐渐恢复正常，可让其服下热茶水或其他汤汁后静卧，并可用干毛巾擦遍全身，自四肢躯干向心脏方向摩擦，以促进血液循环。仍未脱离危险的溺水者，应尽快送往医疗单位继续进行复苏处理及预防性治疗。在转运途中心肺复苏绝对不能中断。

（6）当溺水者在水中脊柱受伤时，施救者应利用颈套、急救板等器材对受伤者进行固定和搬运。一般来说，并不是所有的溺水者都会发生脊柱骨折。但是，如果受伤处感到痛楚、颈部或背部红肿或瘀青、脊柱变形或歪曲则可能是脊柱受伤。如果发现受伤处以下的肢体出现软弱无力或瘫痪、肢体麻木、部分甚至完全失去感觉、呼吸困难、休克甚至昏迷等情况，则伴随脊柱受伤可能脊髓也受伤了，切不可使用肩背运送。

八、溺水预防

（1）从小学开始就开展游泳安全教育。教育儿童游玩要远离河流、水库、渔溏。如要玩水及游泳时，应充分考虑水域的安全性，且家长须在场监护，海滩和泳池须配备救生员。

（2）必须要有组织并在游泳教练或熟悉水性的人的带领下去游泳，以便互相照应。如果集体组织外出游泳，下水前后都要清点人数并指定救生员做安全保护。不要独自一人野外游泳，更不要到不摸底和不知水情或比较危险且易发生溺水伤亡事故的地方去游泳。选择好的游泳场所，对场所的环境，水底是否平坦，有无暗礁、淤泥、暗流、杂草，水域的深浅等情况要了解清楚。

（3）对自己的水性要有自知之明，下水后不能逞能，不要贸然跳水和潜泳，更不能互相打闹，以免喝水和溺水。不要在急流和漩涡处游泳，更不要酒后游泳。

（4）要清楚自己的身体健康状况，平时四肢就容易抽筋者不宜参加游泳或不要到深水区游泳。要做好下水前的准备，先活动活动身体，如水温太低应先在浅水处用水淋洗身体，待适应水温后再下水游泳；镶有假牙的人，游泳前应将假牙取下，以防呛水时假牙落入食管或气管。

（5）在游泳中如果突然感觉身体不舒服，如眩晕、恶心、心慌、气短等，要立即上岸休息或呼救。

（6）在进行水上活动时，做好安全措施，身体不好且水温寒冷时，不宜下水游泳。

（7）水池护栏，井盖应及时维护，避免坠落事故发生。

复习思考题

1. 什么是溺水？溺水的种类有哪些？溺水对人的危害有哪些？
2. 溺水者如何现场自救？
3. 什么是肌肉痉挛？不同部位的肌肉痉挛如何自救？
4. 溺水岸上施救的方法有哪些？如何进行溺水岸上施救？
5. 深水区徒手施救技术要点有哪些？
6. 深水区徒手施救应如何接近溺水者？
7. 深水区徒手施救应如何解脱溺水者？
8. 深水区徒手施救应如何寻找溺水者？
9. 深水区徒手施救应如何拖带溺水者？
10. 深水区徒手施救应如何采用岸边压手上岸法上岸？
11. 如何用肩背运送法运送溺水者？
12. 下水施救注意事项有哪些？
13. 溺水者上岸后如何进行急救处理？如何进行控水？
14. 如何预防溺水？

课题四　中暑与冻伤

【培训目的】

1. 正确理解中暑的概念及中暑的先兆表现。
2. 正确理解重症中暑的特点与表现。
3. 熟练掌握对中暑患者进行现场急救处理的方法。
4. 正确理解预防中暑的方法。
5. 正确理解冻伤的概念及其分类。
6. 熟练掌握冻疮的临床主要表现和自救与急救方法。
7. 熟练掌握局部冻伤的临床主要表现和自救与急救方法。
8. 熟练掌握冻僵的临床主要表现和自救与急救方法。

【培训知识点】

1. 中暑的概念及中暑的先兆表现。
2. 重症中暑的特点与表现。
3. 预防中暑的方法。
4. 冻伤的概念及其分类。
5. 冻疮的主要临床表现。
6. 局部冻伤的主要临床表现。
7. 冻僵的主要临床表现。

【培训技能点】

1. 中暑的现场急救处理。
2. 冻疮的自救与急救措施。
3. 局部冻伤的自救与急救措施。
4. 冻僵的自救与急救措施。

中暑与冻伤是在炎热与寒冷两种极端天气环境下发生的人体伤害，野外作业人员必须注意中暑和冻伤的发生。

一、中暑

中暑是在高温和热辐射的长时间作用下，导致肢体体温调节失衡，水分、电解质代谢紊乱及神经系统功能损害，出现以体温极高、脉搏迅速、皮肤干热、肌肉松软、虚脱及昏迷为特征的一种病症。体虚、有慢性疾病、耐热性差者尤易中暑。

（一）中暑的先兆表现

（1）在高温作业场所工作较长时间。

（2）出现头昏、头痛、口渴、多汗、全身乏力、心悸、注意力不集中、动作不协调等症状。

（3）体温正常或略高。

（二）专业性中暑的分级

1. 轻症中暑

中暑的先兆表现症状加重，出现面色潮红、大量出汗、脉搏细速等表现，体温升至 38.5℃以上。

2. 重症中暑

重症中暑分为热射病、热痉挛和热衰竭三种，也可出现混合型。各自的特点及表现见表4-1。

表 4-1　　　　　　　　　　　　重症中暑的分类及表现

分类	特点	体温变化	表现
热射病	突然发病，病情凶险，多发于高温、高湿的环境	40℃以上	发病早期大量出汗，继之"无汗"；可伴有皮肤干热及不同程度的意识障碍
热痉挛	意识清晰，多在高温环境疲劳状态下发生，是虚脱的第一信号	一般正常	出现明显的肌肉痉挛，伴有收缩痛；多发于活动较多的四肢肌肉及腹肌等；常呈对称性，时而发作，时而缓解
热衰竭	病情发展快，多发于高温、强辐射的环境	正常或略高	主要表现为头昏、头痛、多汗、口渴、恶心、呕吐，继而皮肤湿冷、血压下降、心律紊乱、轻度脱水

（三）中暑的现场急救处理

1. 挪移

将患者挪至通风、阴凉的地方，平躺并松解束缚患者呼吸、活动的衣服。如衣服被汗水浸透应及时更换衣服。

2．降温

可采用头部敷冷毛巾降温，或用 50% 酒精、白酒、冰水擦浴颈部、头部、腋窝、大腿根部甚至全身，也可用电风扇吹风加速散热，有条件的可用降温毯给予降温，但注意不要降温太快。

3．补水

患者有意识时，可给一些清凉饮料、淡盐水或小苏打水。但千万不要急于一次性补充大量水分，一般每半个小时补充 150～300mL 即可。

4．促醒

患者失去知觉时，可指掐人中、合谷等穴，促其苏醒；若呼吸、心跳停止，应立即实施心肺复苏。

5．转送

重症中暑患者必须立即送医院诊治。转送时，应用担架，不可让患者步行，运送途中应坚持降温，以保护大脑和心肺等重要脏器。

（四）中暑的预防

（1）酷暑野外作业时，应避开暴晒时段，采取防晒措施。

（2）不要怕出汗，出汗有利于排除体内大量热量。

（3）及时补充水分。不要等口渴了才喝水，饮水应少量多次；多吃解暑祛湿的食物，如绿豆、西瓜等。

（4）备好防暑药物，有备无患。如人丹、十滴水、藿香正气水、风油精和清凉油等。

二、冻伤

皮肤接触到非常寒冷潮湿的空气或物品而引起的人体局部或全部血管痉挛、瘀血、肿胀，称冻伤。当人体长时间处于低温和潮湿环境时，就会使体表的血管发生痉挛，血液流量因此减少，造成组织缺血缺氧，细胞受到损伤，局部产生瘀血、肿胀，形成冻伤。冻伤的损伤程度与寒冷的强度、风速、湿度、受冻时间以及身体状态有直接关系。冻伤严重的可能起水泡，甚至溃烂。另外，手长时间摸到冰箱的冷冻室也可能引起冻伤。冻伤发生于严寒季节，一般在气温 5℃以下发生，至春季气候转暖后自愈，但入冬后又易再发。许多人一旦患冻伤后，每年一到冬季就复发。冻伤以幼儿、小学生最多见。手足、耳廓部位最易发生。

（一）冻伤的分类及临床表现

一般将冻伤分为冻疮、局部冻伤和冻僵三种。

1. 冻疮

冻疮主要是长期暴露于湿或干的寒冷环境中出现的皮肤病态表现。在一般的低温（如 3～5℃）和潮湿的环境中即可不知不觉发生。冻疮一般发生在脸、手、脚、耳朵以及其他一些长期暴露而又无防寒保护的部位。其临床主要表现是：瘙痒，刺痛，肿胀，红紫色皮肤损害（丘疹、斑疹、斑块或结节）；可发生疤痕及炎症后色素沉着。

2. 局部冻伤

局部冻伤多在 0℃以下缺乏防寒措施的情况下，耳部、鼻部、面部或肢体受到冷冻作用而发生的损伤。一般分为四度：

（1）一度冻伤。一度冻伤亦即常见的"冻疮"，表现为局部皮肤从苍白转为斑块状的蓝紫色，以后红肿、发痒、灼痛和感觉异常。症状一般在数日后消失，愈后除有表皮脱落外，不会留下瘢痕。

（2）二度冻伤。二度冻伤伤及真皮浅层，表现为局部皮肤红肿、发痒、灼痛，早期会有水泡出现。深部可出现水肿、剧痛，皮肤反应迟钝。

（3）三度冻伤。三度冻伤伤及皮肤全层，表现为皮肤由白色逐渐变为蓝色，再变为黑色，感觉消失，冻伤周围的组织可出现水肿和水泡，并有较剧烈的疼痛。伤后不易愈合，除会留下瘢痕外，可有长期感觉过敏或疼痛。

（4）四度冻伤。四度冻伤伤及皮肤、皮下组织、肌肉甚至骨头，可出现坏死。表现为冻伤部位的感觉和运动功能完全消失，呈暗灰色，健康组织与冻伤组织的交界处可出现水肿和水泡。愈合后可有瘢痕形成。

3. 冻僵

冻僵是指人体遭受严寒侵袭，全身降温所造成的损伤。表现为皮肤苍白、冰凉，全身僵硬，感觉迟钝，四肢乏力，头晕，甚至神志不清，知觉丧失，最后因呼吸循环衰竭而死亡。

（二）冻伤的现场急救措施

1. 冻疮的自救与急救措施

发生冻疮后，可在伤部涂抹冻伤膏，糜烂处可涂抹抗菌类和松类软膏。

2. 局部冻伤的现场急救措施

（1）迅速脱离寒冷环境尽快复温。把患部浸泡在 38～42℃的温水中，浸泡期间要不断加水，以使水温保持。待患部颜色转红再离开温水，停止浸泡。如果仅仅是手冻伤，可以把手放在自己的腋下或腹股沟等地方升温。然后用干净纱布包裹患部，并去医院治疗。

（2）局部用水或者肥皂水清洁患部后涂上冻伤膏。

（3）二度以上冻伤，需用敷料包扎好。

（4）皮肤较大面积冻伤或坏死时，需注射破伤风抗毒素或类毒素。

（5）伤肢肿胀较严重或已有炎症时，可将健侧肢体放入温水中（双脚冻伤，则将双手放入温水中），改善冻伤部位的血液循环。

3. 冻僵的现场急救措施

（1）应立即将病人转移至温暖的环境里，将湿冷的衣裤融化后尽快脱下或剪开，用棉被或毯子将伤者包裹起来。

（2）用布或衣物裹热水袋、水壶等，放在腋下，腹股沟处迅速升温。或浸泡在 34~35℃水中 5~10min，然后将浸泡水温提高到 40~42℃，待伤者出现有规律的呼吸后停止加温。用 38~42℃的温水浸浴全身，在 30min 内复温，然后用棉被或毯子将伤者包裹起来，使之复温。

（3）伤者意识存在后可以让其喝下热茶或热的姜汤，也可喝下少量白酒。有条件者可用保温毯进行保温。

（4）对全身冻伤者，体温降到 20℃以下就很危险了，此时一定不要睡觉。

（5）当伤者全身冻伤者出现脉搏、呼吸变慢或停止的话，要保证呼吸道畅通，并进行人工呼吸和心脏按压。

（三）冻伤急救注意事项

（1）局部冻伤的急救目的是使冷结的体液恢复正常。禁止把患部直接泡入过热水中、用雪揉搓患部、用冷水浸泡、猛力捶打患部或用火烤患部，这样会使冻伤加重。

（2）由于按摩能引起感染，最好不要做按摩。

（3）局部有水泡，不要弄破，待其自然消退。

（四）冻伤的预防

（1）做好防寒保暖工作。三九天寒勤加衣，不能因为一时天热就随便脱掉衣服。室外长时间活动或逗留要适当增添衣服。冬季可在面部、手部等容易受冻部位涂些护肤油脂。

（2）坚持进行耐寒训练。冬季不能整天躲在室内，也需要偶尔出去活动，让身体逐渐适应气温的变化。

（3）每天洗手、脸、脚时，轻轻揉擦皮肤，至微热为止，以促进血液循环。

（4）适当"玩雪"。适当用雪搓手、搓脸能预防冻伤，效果非常不错。

（5）根据冬病夏治的原理，在盛夏酷暑期间，不失时机地"冬病夏治"冻疮，往往能收到奇效，甚至可达到根治的目的。下面介绍几种常用的方法：

1）取樱桃 20 ~ 30g，放入高粱酒中浸泡 1 ~ 2 周，然后以此酒擦冬天发生冻疮处，每天 1 ~ 2 次。

2）取红花、归尾、桂枝、干姜、薄荷各 15g 切碎，放进一个大玻璃瓶中，添加白酒 500g 浸泡，加盖密封，过 10 余天后即可使用。患者可于暑天中午，用药棉蘸取药酒适量，反复涂搽冬天发生冻疮的部位。一定要坚持搽洗 10 ~ 20 天。

3）把食醋适量放在锅中煮热，趁热擦拭冬天冻疮患处，每天 2 ~ 3 次，连擦 7 天。

4）每天中午取茄子根与干红辣椒各适量煮水，趁热浸洗冬天冻疮患处，每天 1 次，连续 7 ~ 10 天。

5）夏天吃西瓜时，把瓜皮稍留厚些，用它轻轻揉擦冬天冻疮患处，每次 3 ~ 5min，每天 1 ~ 2 次，连擦 5 天。

复习思考题

1. 什么是中暑？中暑的先兆表现有哪些？
2. 重症中暑分哪几类？其特点与表现是什么？
3. 如何对中暑患者进行现场急救处理？
4. 如何预防中暑？
5. 什么是冻伤？冻伤分哪几类？
6. 什么是冻疮？其临床主要表现有哪些？如何进行自救与急救？
7. 什么是局部冻伤？其临床主要表现有哪些？如何进行自救与急救？
8. 什么是冻僵？其临床主要表现有哪些？如何进行自救与急救？
9. 冻伤急救应注意哪些事项？
10. 如何预防冻伤？

课题五　动物咬伤

【培训目的】

1. 正确理解狂犬病患者的临床表现。
2. 正确理解狂犬病预防方法。
3. 正确理解常见蜂的习性。
4. 正确理解蜂蜇伤的主要表现。
5. 熟练掌握蜂蜇伤后的自救与急救处理方法。
6. 正确理解蛇咬伤后的中毒表现。
7. 熟练掌握蛇咬伤后的现场急救处理方法。

【培训知识点】

1. 狂犬病患者的临床表现。
2. 常见蜂的习性。
3. 蜂蜇伤的主要表现。
4. 蛇咬伤后的中毒表现。

【培训技能点】

1. 人被狗或猫咬伤后的处理措施。
2. 蜂蜇伤后的自救与急救处理。
3. 蛇咬伤后的现场急救处理。

一、狂犬病

（一）概述

狂犬病又称疯狗病、恐水症，是由狂犬病病毒引起的人和所有温血动物（人、犬、猫等）直接接触的一种传染病。狂犬病毒能在狗、猫的唾液腺中繁殖，咬人后通过伤口残留唾液使人感染，如图4-26所示。狂犬病的潜伏期为20～90天，人发

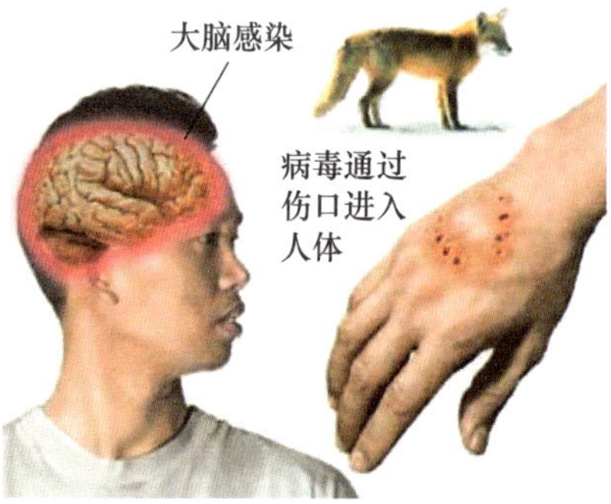

大脑感染

病毒通过伤口进入人体

图 4-26　狂犬病感染途径

病时主要表现为兴奋、恐水、咽肌痉挛、呼吸困难和瘫痪直至死亡。人被含有狂犬病病毒的犬咬伤，有 30%～70% 的几率感染，一旦发病其死亡率接近 100%。

典型疯狗常表现为：两耳直立、双目直视、眼红、流涎、消瘦、狂叫乱跑、见人就咬、行走不稳；也有少数疯狗表现安静、离群独居，一受惊扰狂叫不已、吐舌流涎，直至全身麻痹而死。有的狗、猫虽无"狂犬病"表现，却带有狂犬病毒，它们咬人后照样可以使人感染狂犬病毒而得"狂犬病"。

（二）狂犬病患者的临床表现

感染者开始出现全身不适、发烧、食欲不振、恶心、疲倦、被咬部位疼痛、感觉异常等症状，继而出现恐惧不安，对声、光、风、痛等较敏感，并有喉头紧缩感。较有诊断意义的早期症状是伤口及其附近感觉异常，有麻、痒、痛及蚁走感等。

患者各种症状达到顶峰，逐渐进入高度兴奋状态，其突出表现为精神紧张、极度恐怖、全身痉挛、幻觉、谵妄、怕光、怕声、怕水、怕风、发作性咽肌痉挛、呼吸困难、排尿排便困难及多汗流涎等。

如果患者能够渡过兴奋期而侥幸活下来，就会进入昏迷期，本期患者深度昏迷，但狂犬病的各种症状均不再明显，大多数进入此期的患者最终衰竭而死。

（三）狂犬病的预防

鉴于本病尚缺乏有效的治疗手段，故应加强预防措施以控制疾病的蔓延。预防接种对防止发病有肯定价值，严格执行犬的管理，可使发病率明显降低。

1. 管理传染源

捕杀所有野犬，对必须饲养的猎犬、警犬、家犬及实验用犬，应进行登记，并做好预防接种。发现病犬和病猫时立即击毙，以免伤人。咬过人的家犬、家猫应设法捕获，并隔离观察 10 天。对死亡动物应取其脑组织进行检查，并将其焚毁或深埋，切不可剥皮或进食。

2. 伤口处理

人被狗或猫咬伤后，不管当时能否肯定是疯狗所为，都必须按下述方法及时进行伤口处理：若伤口流血，只要不是流血太多，就不要急着止血，因为流出的血液可将伤口残留的疯狗唾液冲走。对于流血不多的伤口，要从近心端向伤口处挤压出血，以利排出病毒。同时，必须在伤后的 2h 之内，尽早对伤口进行彻底清洗，以减少狂犬病的发病机会。用干净的刷子（可以是牙刷或纱布）蘸浓肥皂水反复刷洗伤口，尤其是伤口深部，并及时用清水冲洗，不能因疼痛而拒绝认真刷洗，刷洗时间至少要坚持 30min。冲洗后，再用 70% 的酒精或 50～70 度的白酒涂擦伤口数次，在无麻醉条件下，涂擦时疼痛较明显，伤员应有心理准备。涂擦完毕后，伤口不必包扎，可任其裸露。对于其他部位被狗抓伤、舔吮以及唾液污染的新旧伤口，均应按咬伤同等处理。

3. 预防接种

经过上述伤口处理后，伤员应尽快送往附近医院或卫生防疫站接受狂犬病疫苗的注射。如严重还应加注射血清或免疫球蛋白。狂犬病疫苗最好是在被咬伤后 24h 内开始注射，并于伤后第 3、第 7、第 14 天和第 30 天各注射一支。

二、蜂蜇伤

一般常见的蜂有蜜蜂、马蜂（又名胡蜂）和黄蜂等，如图 4-27 所示。蜂类毒素中主要有蚁酸、多种酶、神经毒素、溶血毒素等。不同的蜂类所含毒素并不一样，蜜蜂的毒素呈酸性，马蜂的毒素呈碱性。蜂类尾部的毒刺与腺体相连，蜂蜇人是靠尾刺把毒液注入人体。只有蜜蜂蜇人后把尾刺留在人体内，其他蜂蜇人后将尾刺收回。

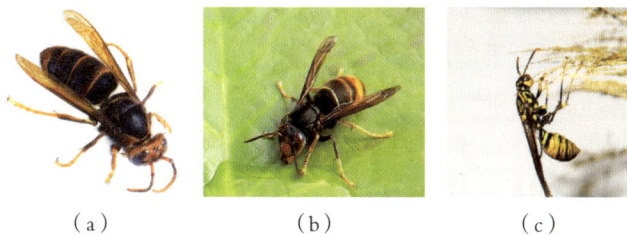

（a）　　　　　　　　（b）　　　　　　　　（c）

图 4-27　常见的蜂

（a）蜜蜂；（b）马蜂；（c）黄蜂

（一）常见蜂的习性

1. 温顺的蜜蜂

蜜蜂如图 4-27（a）所示。蜜蜂一般不会轻易攻击人，比较温顺。只有在食物缺乏、蜂王死亡，或者被激怒、被恐吓时，才会成群倾巢而出。

2. 易怒的马蜂

马蜂如图 4-27（b）所示。马蜂毒性最强，其毒性相当于十多只蜜蜂。马蜂的攻击性很强而且喜欢攻击人的头部，但一般不会无故伤人，只有在被激怒时才会攻击人。

3. 野外的黄蜂

黄蜂喜欢在人类活动较少的屋后、田野、河塘边的树丛中筑巢，如果危及到它的蜂巢，它会有强烈的攻击能力。

（二）蜂蜇伤的表现

人被单个蜂蜇伤，一般只表现局部红肿和疼痛，数小时后可自行消退。若被蜂群蜇伤，可出现头晕、头痛、恶心、呕吐、呼吸困难等全身症状，对蜂毒过敏者还会迅速出现荨麻疹、喉头水肿或气道痉挛，甚至窒息，严重者可出现休克、昏迷甚至死亡。

（三）蜂蜇伤的现场自救与急救处理

1. 现场自救

不能乱跑，而应该立即抱头蹲下，用包、衣服或者手臂遮住裸露的皮肤，尤其要重点保护头部和面部，防止再次被蜇伤。

2. 现场急救处理

（1）应迅速将患者转移至安全地带，避免多次被蜇伤，使病情加重。同时，施救者要注意自身的保护。

（2）被蜇伤者应结扎其伤肢，在伤肢近心端用止血带或其他系带结扎，以阻止毒液吸收，结扎松紧以阻断静脉和淋巴回流为宜，每 10～15min 放松扎带 1～3min，以免患肢缺血坏死。

（3）不要惊慌，保持安静，面部蜇伤可用冰块或冷水等冷敷，以延缓毒液吸收，并减轻机体对毒液的反应；禁用热敷，以免加速毒素吸收和扩散。

（4）被蜜蜂蜇伤后，要仔细检查伤口，若尾刺在伤口内，可见皮肤上有小黑点，用镊子、针尖挑出。如果有透明胶带或胶布，可贴在被蜂蜇伤的部位，再用力撕开，这样可黏掉毒针。不可挤压伤口以免毒液扩散。蜜蜂的毒液呈酸性，应用碱性溶液涂擦中和毒液，如用肥皂水、3% 氨水、5% 苏打水洗敷伤口；若被黄蜂蜇伤，因其毒液呈碱性，所以用弱酸性液体中和，如用食醋洗敷。蜂蜇伤后局部症状严重，过敏性休克者，立即送医院治疗。

三、蛇咬伤

世界上已知的蛇有 2000 余种。我国的毒蛇主要分布在长江以南地区，有眼镜蛇、银环蛇、金环蛇、五步蛇、竹叶青蛇等。图 4-28 为常见的毒蛇。

1. 中毒表现

根据毒蛇种类、蛇毒成分以及中毒表现的不同，将毒蛇咬伤分为神经毒型、血液毒型和混合毒型三种。

（1）神经毒型。常由银环蛇、金环蛇和海蛇咬伤所致。特点是毒液吸收快，局部症状不明显；潜伏期长，容易被忽视；一旦出现全身中毒症状，则病情危重。主要中毒表现为：伤口红肿、疼痛不明显、牙痕小、可无渗血，局部仅有麻痒感或麻木感；咬伤 1~3h 后，出现头晕、视物模糊、眼帘下垂、流涎、声音嘶哑、四肢无力等症状，严重者四肢瘫痪、呼吸困难。

（2）血液毒型。常由竹叶青、尖吻蛇等毒蛇咬伤所致。特点是局部症状重，全身中毒症状明显，发病急。主要中毒表现为：局部疼痛、皮肤瘀肿出血，并向近心端蔓延；全身出现胸闷、心慌、烦躁不安、发热、皮肤瘀斑，严重者出现黄疸、贫血、休克。

混合毒型。常由眼镜蛇、眼镜王蛇、腹蛇等咬伤引起。特点是发病急，出现明显的神经系统、血液系统和循环系统损害症状。

2. 现场急救处理

（1）判断是否被毒蛇咬伤。被蛇咬伤后，千万不要惊慌，首先要判断是否为毒蛇咬伤。可通过蛇的牙痕来判断：毒蛇的牙痕多呈两点（一对）或数点（2~3对），而无毒蛇的牙痕为一排或两排。

（2）控制蛇毒素扩散。伤者静坐，放低患肢并低于心脏。于伤口近心端 5~10cm 处用止血带或绳带结扎后包扎伤口。每隔 10~15min 放松 1~3min，以防止肢体缺血坏死。

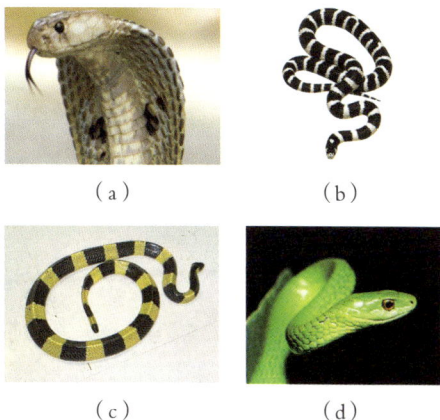

（a）　　　　　　（b）

（c）　　　　　　（d）

图 4-28　常见的蛇
（a）眼镜蛇；（b）银环蛇；（c）金环蛇；
（d）竹叶青蛇

（3）伤口处理。

1）用大量清水、碱性肥皂水或双氧水反复冲洗。

2）有条件可用竹筒或瓶子在牙痕周围拔火罐吸取毒液；无条件时可先用火柴灼烧伤口，破坏蛇毒。也可用嘴吸毒，吸毒时要在伤口盖上塑料袋，吸一口吐一口，吐后彻底漱口，反复进行。严禁用嘴直接吸吮伤口。

3）现场携带解毒药物时要及时服用解毒药片或将解毒药粉涂在伤口周围。

（4）迅速送院。尽可能在20min内将伤者送至医院救治。

复习思考题 ❓

1. 什么是狂犬病？狂犬病患者临床表现有哪些？

2. 如何预防狂犬病？

3. 常见的蜂有哪些习性？

4. 蜂蜇伤的表现有哪些？

5. 蜂蜇伤后如何自救与急救处理？

6. 蛇咬伤后有哪些中毒表现？

7. 蛇咬伤后如何进行现场急救处理？

单元五

电对人体的作用及影响

课题一　电流对人体的作用及影响

【培训目的】

1. 正确理解电击、电伤的概念及其危害。
2. 熟练掌握电流大小对人体伤害程度的影响。
3. 熟练掌握通电时间对人体伤害程度的影响。
4. 熟练掌握通电途径对人体伤害程度的影响。
5. 熟练掌握人体电阻对人体伤害程度的影响。
6. 熟练掌握电压高低对人体伤害程度的影响。
7. 熟练掌握安全电压的等级。

【培训知识点】

1. 电击、电伤的概念及其危害。
2. 电流大小、通电时间、通电途径、人体电阻、电压高低分别对人体伤害程度的影响。
3. 安全电压。

电在我们的日常生活中发挥着巨大的作用。无法想象，如果没有电，我们的生活会是什么样子。电的发现和应用极大地节省了人类的体力劳动和脑力劳动，使人类的生活和生产长上了腾飞的翅膀，使人类的活动触角不断延伸。电的发现可以说是人类历史的一次伟大革命，电能每天都在源源不断地释放，应用到我们生活和生产的方方面面。人对电的需求毫无夸张地说其作用不亚于人类世界的氧气，如果没有电，人类的文明还会在黑暗中探索。但是，电对人体也会产生一些负面影响，人身触电就是其中的一项。

一、电流对人体的伤害形式

电流会对人体造成多种伤害，如伤害呼吸、心脏和神经系统，使人体内部组织系统破坏，乃至造成死亡等。一般来说，电流对人体的伤害主要有电击和电伤两种形式。在触电伤害中，由于具体触电情况不同，有时主要是电击对人体的伤害；有时也可能是电击、电伤同时发生，这在高压触电中最为常见。电击是触电伤害中最为严重的一种，绝大多数触电死亡事故都是电击造成的。

（一）电击

电流通过人体内部，使内部组织受到较为严重的损伤称为电击。电击伤会使人觉得全身发热、发麻，肌肉发生不由自主的抽搐，逐渐失去知觉。如果电流继续通过人体，电流会对人的心血管系统、神经系统、呼吸系统等造成伤害，直到呼吸、心跳停止。电击在开始触电的瞬时，人体电阻高，如不能立即摆脱电源，人体电阻将会迅速下降，通过人体的电流继续增加，当电流增加到0.03A以上时，人体肌肉发生痉挛，呼吸困难，心脏麻痹，而至死亡。人体触及带电的导线、漏电设备的外壳或其他带电体，以及由于雷击或电容放电，都可能导致电击。

电击时，电流流过人体时在人体内部造成器官的伤害，而在人体外表不一定留下电流痕迹。表现为刺麻、酸疼、打击感并伴随肌肉收缩。严重心律不齐、呼吸窒息、昏迷、心室纤维性颤动、心跳骤停甚至死亡。因为心室纤维性颤动是最危险的情况，可致人迅速死亡，必须现场急救。

（二）电伤

电伤是指电流对人体外部造成的局部伤害，即在电流作用下，由于电流的热效应、化学效应、机械效应使熔化和蒸发的金属微粒等侵袭人体皮肤，以至局部皮肤受到的烧伤、烙伤和皮肤金属化的伤害。当人触电后，由于电流通过人体产生电弧，往往在人的肌体上留下伤痕，严重时也可导致死亡。在高压触电事故中，电伤和电击往往同时发生。

电伤包括电灼伤、电烙印、皮肤金属化及电伤引起的跌伤、骨折等二次伤害。

1. 电灼伤

电灼伤是指电流的热效应造成的伤害。例如，在工作中发生的带负荷拉隔离开关就会引起强烈的电弧而灼伤皮肤；如果人站在1000V以上高压带电体附近，距离小于安全距离时，人与带电体之间会产生电弧，并有较大电流通过人体，造成严重的电灼伤，甚至可能导致死亡。

电灼伤分为电流灼伤和电弧烧伤。

电流灼伤是人体与带电体直接接触，电流通过人体由电能转换成热能造成的伤害。电流灼伤处呈黄色或褐黑色并又累及皮下组织、肌腱、肌肉、神经和血管，甚至使骨骼显碳化状态，一般治疗期较长。

电弧烧伤是由弧光放电造成的伤害，多是由带负荷拉、合刀闸，带电接地线时产生的强烈电弧引起。电弧烧伤分为直接电弧烧伤和间接电弧烧伤。前者是带电体与人体之间发生电弧，是有电流流过人体的烧伤；后者是电弧发生在人体附近对人体的烧伤，包含熔化了的炽热金属溅出造成的烫伤。电弧烧伤的情况与火焰烧伤相似，会使皮肤发红、起泡，烧焦组织并坏死。电弧温度可高达几千上万摄氏度，可能造成大面积、深度的烧伤，甚至烧焦、烧掉四肢及其他部位。

2. 电烙印

电烙印是由于电流的化学效应和机械效应产生的电伤，通常是在人体和导电体有良好接触的情况下才会发生。其后果是在皮肤表面留下与所接触的带电部分形状相似的圆形或椭圆形的永久性瘢痕，颜色呈灰色或淡黄色，一般不发炎或化脓。瘢痕处皮肤硬化失去弹性、色泽，表皮坏死，局部麻木或失去知觉。

3. 皮肤金属化

皮肤金属化是在电流作用下，产生的高温电弧使周围金属熔化、蒸发成金属微粒并飞溅渗入人体皮肤表层所造成的电伤。其后果是被伤害的皮肤变得粗糙、坚硬，且根据人体表面渗入的不同金属呈现不同的颜色。皮肤金属化出现的特殊颜色与人体接触的带电金属种类有关，如黄铜可使皮肤呈现蓝绿色，紫铜可使皮肤呈现绿色，铝可使皮肤呈现灰黄色，铁可使皮肤呈现褐色等。皮肤金属化是局部性的，金属化的皮肤经过一段时间会逐渐剥落，不会造成永久性的伤害。皮肤金属化多与电弧烧伤同时发生。

此外，因电弧放电产生的红外线、可见光和紫外线导致对眼睛的伤害（即电光性眼炎，将在单元六的课题四进行详细介绍），以及电气人员高空作业发生触电摔下造成的骨折、跌伤等都应视为电伤。

二、电流对人体伤害程度及其影响因素

人体组织中有 60% 以上是由含有导电物质的水分组成，因此人体是个导体。电流通过人体时，对人体伤害的严重程度与通过人体的电流大小、电流持续时间、电流的频率、电流通过人体的途径以及人体状况和电压高低等多种因素有关，而且各种因素之间有着十分密切的关系。电流大小和电流持续时间对触电者伤害程度的影响最大。

1. 电流大小

电流对人体的作用主要取决于电流的大小。电流通过人体，人体会有麻、疼的感觉，会引起颤抖、痉挛、心脏停止跳动以至死亡等症状，这些现象称为人体

的生理反应。在活的肌体上，特别是肌肉和神经系统，有微弱的生物电存在，如果引入局外电源，微弱生物电的正常工作规律将被破坏，人体也将受到不同程度的伤害。通过人体的电流越大，人体的上述生理反应越明显，人的感觉越强烈，破坏心脏工作所需的时间越短，致命的危险越大。一般来说，通过人体的工频交流电（50Hz）超过 10mA，直流电超过 50mA 时，触电者就难以摆脱电源，这时就会有生命危险。

表 5-1 为根据科学实验和事故分析得出工频交流电流大小与人体伤害程度的关系。从表中可以看出，当电流超过 15mA 时，人体就存在比较大的危险。我们确定工频交流电流 10mA 和直流电流 50mA 为人体的安全电流，也就是说人体通过的电流小于安全电流时对人体是安全的。

表 5-1　　　　　　　　工频交流电流大小与人体伤害程度的关系

电流（mA）	触电时间	人的生理反应
0 ~ 0.5	连续通电	没有感觉
0.5 ~ 5	连续通电	开始有感觉，手指、手腕等处有痛感，无痉挛，可以摆脱带电体
5 ~ 30	数分钟以内	痉挛，不能摆脱带电体，呼吸困难，血压升高，是可以忍受的极限
30 ~ 50	数秒到数分钟	心脏跳动不规则，昏迷，血压升高，强烈痉挛，时间过长即引起心室颤动
50 ~ 数百	低于心脏搏动周期	受强烈冲击，但未发生心室颤动
	超过心脏搏动周期	昏迷，心室颤动接触部位留有电流通过的痕迹
超过数百	低于心脏搏动周期	在心脏搏动周期特定的相位触电时，发生心室颤动、昏迷，接触部位留有电流通过的痕迹
	高于心脏搏动周期	心脏停止跳动、昏迷，产生可能致命的电灼伤

按照通过人体电流大小的不同，人体呈现的不同状况，将电流划分为感知电流、摆脱电流和室颤电流三级。

（1）感知电流。感知电流是引起人体感觉的最小电流。实验资料表明，当通过人体的交流电达到 0.6 ~ 1.5mA 时，触电者便感到微麻和刺痛，这一电流叫作感知电流。感知电流的大小因人而异，对于不同的人，感知电流也不相同。频率为 50 ~ 60Hz 工频交流电时，一般成年男性平均感知电流约为 1.1mA，成年女性约为 0.7mA，并且与时间因素无关；直流电时，男性平均感知电流约为 5.2mA，女性约为 3.5mA。感知电流一般不会对人体造成伤害，但当电流增大时，感觉增强，反应加大，可能因不自主反应而导致从高处跌落，造成二次事故。

（2）摆脱电流。摆脱电流是指在一定概率下，人触电后能自行摆脱触电电源的最大电流。摆脱电流是一个重要的安全指标，小于该电流，触电者具有自主行为的摆脱能力，能够自行脱离触电电源。实验资料表明，对于不同的人，摆脱电流也不相同。频率为 50~60Hz 工频交流电时，成年男性平均摆脱电流大约为 16mA，成年女性大约为 10.5mA；直流电时，成年男性平均感知电流约为 76mA，成年女性约为 51mA。当通过人体的电流略大于摆脱电流时，人的中枢神经便麻痹，呼吸也停止。如果立即切断电源，就可恢复呼吸。但是，当通过人体的电流超过摆脱电流，而且时间较长，可能会产生严重后果。

（3）室颤电流。通过人体引起心室发生纤维性颤动的最小电流称为室颤电流。电击致死的原因是比较复杂的。例如，高压触电事故中，可能因为强电弧或很大的电流导致的烧伤使人致命；低压触电事故中，可能因为心室颤动，也可能因为窒息时间过长使人致命。一旦发生心室颤动，数分钟内即可导致死亡。因此，在小电流（不超过数百毫安）作用下，电击致命的主要原因是电流引起心室颤动。因此，可以认为室颤电流就是在最短时间内作用危及人体生命的最小电流，称为致命电流。

一般说来，工频交流 1mA 或直流 5mA 的电流通过人体就可引起麻、痛的感觉，但自己尚能摆脱电源。当通过人体的工频交流电流超过 20~25mA 或直流电流超过 80mA 时，就会使人感觉麻痹或剧痛，并且呼吸困难，自己不能摆脱电源，可有生命危险。如果有 50mA 以上的电流通过人体就会使呼吸窒息，心脏跳动停止，迅速失去知觉而死亡。大量的试验表明，当工频交流电电击电流大于 30mA 时，会发生心室纤颤的危险。

2. 通电时间

在其他条件都相同的情况下，电流通过人体的持续时间越长，对人体的伤害程度越大。这是由于通电时间越长，电流在心脏间隙期内通过心脏的可能性越大，因而引起心室颤动的可能性也越大；通电时间越长，对人体组织的破坏越严重，人体电阻因出汗或局部组织炭化而降低越多，通过人体的电流也就越大；通电时间越长，体内积累的能量就越多，因此引起心室颤动所需的电流也越小，心室颤动的危险性也越大。

表 5-2 说明了通过人体允许电流与持续时间的关系。从表 5-2 可以看出，通过人体电流的持续时间越长，允许电流就越小。发现有人触电时，救护者要争分夺秒，迅速切断电源，最大限度地缩短电流通过人体的时间，就是基于这个道理。

表 5-2 允许电流与持续时间的关系

允许电流（mA）	50	100	200	500	1000
持续时间（s）	5.4	1.35	0.35	0.054	0.0135

3. 通电途径

电流通过人体的部位或器官不同，对人体的伤害程度也不同。电流通过心脏会引起心室颤动，电流较大时会使心脏停止跳动，从而导致血液循环中断而死亡；电流通过中枢神经或有关部位，会引起中枢神经严重失调而导致死亡；电流通过头部会使人昏迷，或对脑组织产生严重损坏而导致死亡；电流通过脊髓，会使人瘫痪等。上述伤害中，以电流通过心脏造成的伤害危险性最大。表 5-3 列举了电流通过人体的途径与流经心脏的比例数的关系。从表 5-3 可以看出，从左手到胸部（心脏）再到脚是最危险的通电途径；从右手到脚、一只手到另一只手是较危险的通电途径；从脚到脚的通电途径虽然危险性较小，但可能因痉挛而摔倒，导致电流通过全身或摔伤、坠落等二次伤害。

表 5-3 电流通过人体的途径与流经心脏比例数的关系

电流通过人体的途径	流经心脏电流与人体总电流的比例数（%）
从左手到脚	6.4
从右手到脚	3.7
从一只手到另一只手	3.3
从一只脚到另一只脚	0.8

4. 人体电阻

（1）基本概念。人体电阻由皮肤电阻和内部组织电阻组成，其中皮肤电阻占有较大的比例。内部组织电阻与接触电压和外界条件无关，而皮肤电阻随皮肤表面干湿程度和接触电压等因素的变化而变化。

皮肤电阻是人体电阻的重要组成部分，它主要由皮肤外表面角质层厚度决定。

人体的内部组织电阻是不稳定的，不同的人，生理条件不一样，其内部组织电阻就不一样。就是同一个人，由于工作环境、劳动强度、触电部位的不同，电阻值也不完全相同。

人体电阻是定量分析人体电流的重要参数之一，也是处理许多电气安全问题必须考虑的基本因素。皮肤如同人的绝缘外壳，在触电时起着一定的保护作用。当人体触电时，通过人体的电流与人体的电阻有关。一般情况下，当电压一定时，人体电阻越小，通过人体的电流就越大，也就越危险，反之则越安全。

（2）人体电阻的影响因素。

1）人体电阻与皮肤外表面角质层厚度有关。人的皮肤外表面角质层厚的人电阻较大，反之较小。不同的人，其皮肤外表面角质层厚薄不同，人体电阻就不一样。就是同一个人，由于身体各部位的角质外层厚度不同，电阻值也不相同。

2）人体电阻与接触电压有关。人体电阻随接触电压的升高而降低，见表5-4。一般人体承受50V的电压时，人的皮肤外表面角质层绝缘就会出现缓慢破坏的现象，几秒钟后接触点即生水泡，从而破坏了干燥皮肤的绝缘性能，使人体的皮肤电阻降低。当电压升至500V时，皮肤外表面角质层会很快被击穿而成为电流通路。

表5-4　　　　　　　　　　人体电阻随接触电压的变化

接触电压（V）	12.5	31.3	62.5	125	220	250	380	500	1000
人体电阻（Ω）	16500	11000	6240	3530	2222	2000	1417	1130	640

3）人体电阻与通电时间有关。触电者在与带电导体接触的最初的瞬间时，身体表皮角质层没有破坏，人体电阻较大，通过人体的电流较小。当触电时间较长时，表皮的角质层被击穿失去绝缘性能时，人体电阻主要由内部组织电阻的大小所决定，其值很小，通过人体的电流就会剧增，危险性就会大增。

4）人体电阻与人体与带电体的接触面积及压力有关。这正如金属导体连接时的接触电阻一样，接触面积越大，电阻则越小；压力越大，电阻则越小。

5）人体电阻与人的性别、年龄、健康状况有关。不同的人对电流的敏感程度不同。相同的电流通过人体时对不同的人造成的伤害程度也不同。女性对电流的敏感性比男性高，女性的感知电流和摆脱电流比男性低约1/3，因此在同等条件下发生触电事故时，女性比男性更难以摆脱。儿童的摆脱电流较低，遭受电击时比成人危险。体重轻的人对于电流较体重大的人敏感，遭受电击时比体重大的人危险。人体患有心脏病、肺病、内分泌失调等疾病或体弱者者，由于自身的抵抗能力较差，因此，遭受电击的伤害程度比较严重。醉酒、疲劳过度、心情欠佳、精神不好等情况会增加触电的伤害程度。

6）人体电阻与人所处的环境条件有关。人体出汗、身体有损伤、环境潮湿、接触带有能导电的化学物质等情况，都会使皮肤电阻显著下降，增加触电的伤害程度。因此，不允许用潮湿的、有汗、有污渍的手去操作电气装置。

一般认为人体电阻的平均值为 $2000\,\Omega$ 左右，而在计算和分析时通常取 $1700\,\Omega$。不同环境条件下的人体电阻变化情况见表 5-5。

表 5-5　　　　　　　　　　　不同环境条件下的人体电阻

接触电压（V）	人体电阻（Ω）			
	皮肤干燥①	皮肤潮湿②	皮肤湿润③	皮肤浸入水中④
10	7000	3500	1200	600
25	5000	2500	1000	500
50	4000	2000	875	440
100	3000	1500	770	375
250	1500	1000	650	325

①干燥场所的皮肤，电流途径为单手至双脚。
②潮湿场所的皮肤，电流途径为单手至双脚。
③有水蒸气，特别潮湿场所的皮肤，电流途径为双手至双脚。
④游泳池或浴池中的情况，基本为体内电阻。

5. 电压高低

一般来说，当人体电阻一定时，人体接触的电压越高，通过人体的电流就越大。实际上，通过人体的电流与作用在人体上的电压不成正比，这是因为随着作用于人体电压的升高，皮肤遭到破坏，人体电阻急剧下降，电流会迅速增加。

因为影响电流变化的因素很多，而电力系统的电压却是较为恒定的。所以从安全角度考虑，人体的安全条件通常不采用安全电流，而是用安全电压。安全电压是为了防止触电事故而采用特定电源供电的电压系列，我国规定安全电压的等级为一般为 42、36、24、12V 四种。当电气设备采用的电压超过安全电压时，必须采取防止直接接触带电体的保护措施。电气设备的安全电压应根据使用场所、操作人员条件、使用方式、供电方式和线路等多种因素进行选用。目前，我国采用的安全电压以 36V 和 12V 居多。发电厂生产场所及变电站等处使用的照明灯电压一般为 36V；在金属容器或水箱等工作地点狭窄、周围有大面积导体、环境湿热场所工作时，手提照明灯应采用 12V 安全电压。

6. 电流种类

直流电流、高频电流、冲击电流对人体都有伤害作用，但其伤害程度一般都比工频交流电流轻。

（1）直流电流。从表 5-6 可以看出，人体对直流电的抵抗能力比交流电要高。因此，直流电触电事故要比交流电触电事故少得多。只有在非常恶劣的条件下才会发生致命恶性事故，这是因为电流对人体的刺激作用与电流幅值的变化有关。对于同样的电流刺激作用，恒定的直流电幅值要比交流电大 2 ~ 4 倍。直流电在电流流动期间，人体一般没有感觉，只有在接通和开断电流的瞬间人体才会有感知。当横向电流（即横向流过人体躯干的电流，如从手到手的电流）高达300mA，流过人体几分钟时，有可能引起可恢复的心律障碍、电流伤痕、头晕，有时会失去知觉；当直流电流高于 300mA 时，会造成休克。

表 5-6　　　　　　　直流电和交流电对人体感觉情况对照表

电流（mA）	人体的感觉情况	
	直流电	50Hz 交流电
0.6 ~ 1.5	无感觉	手指开始感觉发麻
2 ~ 3	无感觉	手指开始感觉强烈发麻
5 ~ 7	手指感觉灼热和刺痛	手指肌肉感觉痉挛
8 ~ 10	感觉灼热增加	手指关节与手掌感觉痛，手已难以脱离电源，但尚能摆脱电源
20 ~ 25	感觉灼热更增，手的肌肉开始痉挛	手指感觉剧痛，迅速麻痹，不能摆脱电源，呼吸困难
50 ~ 80	感觉强烈灼痛，手的肌肉痉挛，呼吸困难	呼吸麻痹，心脏开始振颤
90 ~ 100	呼吸麻痹	呼吸麻痹，持续 3min 或更长时间后，心脏麻痹后心脏停止跳动

（2）交流电流频率。不同频率的交流电对人体的影响也不同。通常，频率为50 ~ 60Hz 的工频交流电对人体的伤害最严重，小于或大于 50 ~ 60Hz 的交流电流对人体的危险性降低。我国交流电的频率为 50Hz，所以，交流触电是最危险的。不同频率的电流对人体的危害程度见表 5-7。

表 5-7　　　　　　　不同频率的电流对人体的危害程度

电流频率（Hz）	对人体的危害程度	电流频率（Hz）	对人体的危害程度
10 ~ 25	有 50% 的死亡率	120	有 31% 的死亡率
50	有 95% 的死亡率	200	有 22% 的死亡率
50 ~ 100	有 45% 的死亡率	500	有 14% 的死亡率

当电流频率为 450 ~ 500kHz 时，触电危险性明显减小。但这种频率的电流通常以电弧的形式出现，有灼伤人体的危险。电流频率在 20000Hz 以上的交流小电

流对人体已无伤害，在医院常用于理疗。应该注意的是高压高频电也有电击致命的危险，这主要是由于高频电流的热效应所致。

（3）冲击电流。雷电或静电产生的冲击电流能引起人体强烈的肌肉收缩，给人以冲击的感觉。冲击电流对人体的伤害程度与冲击放电能量有关，数十到 $100\mu s$ 的冲击使人体有感觉的最小电流为数十毫安。当人体电阻为 1000Ω 时，冲击电流引起心室颤动的最小电流是 25mA。

复习思考题

1. 电流对人体的伤害形式有哪些？
2. 什么叫电击？电击有何危害？
3. 什么叫电伤？电伤有何危害？
4. 影响电流对人体伤害程度的因素有哪些？
5. 电流大小对人体伤害程度有何影响？按照通过人体电流大小的不同，人体呈现的不同状况，将电流划分为哪三种？
6. 通电时间对人体伤害程度有何影响？
7. 通电途径对人体伤害程度有何影响？
8. 人体电阻对人体伤害程度有何影响？人体电阻包括哪些？
9. 人体电阻的影响因素有哪些？
10. 电压高低对人体伤害程度有何影响？安全电压的等级有哪些？

课题二　静电与高压电场对人体的作用及影响

【培训目的】

1. 正确理解静电的概念和静电对人体的影响及危害。
2. 正确理解高压电场的概念和高压电场对人体的影响及危害。

【培训知识点】

1. 静电的概念和静电的危害。
2. 高压电场的概念和高压电场对人体的影响及危害。

一、静电与高压电场的概念

1. 静电的概念

静电是指相对静止的电荷。静电是由于两种不同的物体（物质）相互摩擦或由于物体电解、拉伸、受压、撞击、撕裂、剥离，以及受到其他带电体的感应而产生的。静电的大小与摩擦速度、距离、压力和摩擦物质的性质有关，摩擦速度越快，摩擦距离越长，摩擦压力越大，产生的静电越大。

2. 高压电场的概念

当导体带有电压时，在其周围空间就存在电场。在带电的高压架空线路与地面之间，或在变电站高压电气设备的周围，都存在电场。根据电势差与电场强度的关系，带电导体的电压越高，电场强度就越大。因此，在高压输电线路和配电装置周围，存在着强大的电场，处在电场内的物体会因静电感应作用而带有感应电压。感应电压的大小与带电设备的电压成正比。

二、静电与高压电场对人体的影响及危害

（一）静电的危害

静电并非绝对静止的电，而是在宏观范围内暂时失去平衡的相对静止的正电

荷和负电荷。静电火花或静电电场力，在一定条件下，可能产生放电引起爆炸或火灾、产生静电电击和妨碍生产等危害。当静电大量积累产生很高的电压时，也会对人身造成伤害。

1. 引起爆炸或火灾

造成爆炸或火灾是静电最大的危害。如在可燃液体、气体的运输与储存场所，面粉、煤粉、铝粉、锯末、氢气、纺织等作业场所，都有静电产生，而这些场所空气中常有气体、蒸汽、爆炸混合物或有粉尘、纤维类爆炸混合物，静电火花可能导致火灾，当静电火花能量超过这些爆炸混合物的最小引爆能量时，就会引起爆炸。

2. 产生静电电击

由于衣着等固体物质的接触和分离，或由于人体在生产场所接近带静电的物体，均有可能使人体带静电。当带静电荷的人体接近接地体时会发生放电，人就会遭到静电电击。由于静电能量有限，静电电击不会导致直接致命，但人体可能因静电电击引起坠落、摔倒等二次伤害。

3. 妨碍生产

静电除造成上述一些不安全因素外，静电电击还可能使操作者精神紧张，而引起误操作事故，可能直接影响安全生产。

（二）高压电场对人体的影响及危害

当导电物体上的感应电压较高时，一旦有人靠近或触及这些带有感应电压的物体时，若人体接地良好，就会有感应电流通过人体对地放电而可能受到电击伤害。

研究表明，在220kV及以下线路或电气设备附近的安全距离以外，很少发生静电感应危害人身安全的现象。但人体对高压电场下静电感应电流的反应更加敏感，当0.1~0.2mA的感应电流通过人体时，人会感觉明显的刺痛感。因此，在330kV及以上超高压或特高压线路下或设备附近站立或行走的人，往往会感觉到口渴、多汗、精神紧张，皮肤有刺痛感，有的甚至出现呕吐现象。有时还会在头与帽子之间、脚与鞋之间产生火花。

值得注意的是，高压电场的静电感应电流对人体虽然不会直接造成生命危险，但若不采取安全措施，由于瞬时电击的刺激，可能造成人们跌倒、工作人员从高处坠落等现象，以致造成摔伤等间接伤害。

复习思考题

1. 什么是静电？静电有哪些危害？
2. 什么是高压电场？高压电场对人体有哪些影响及危害？

课题三　电磁辐射对人体的作用及影响

【培训目的】

1. 正确理解电磁辐射的概念
2. 正确理解电磁辐射对人体影响和危害。

【培训知识点】

1. 电磁辐射的概念。
2. 电磁辐射对人体影响和危害。

一、电磁辐射的概念

当交流电通过电路时，其周围可产生与交流电频率相同的电磁场，这种可变化的电磁场的传播就形成了电磁波。电磁波可不依靠任何传输线而在空间传播，此现象称电磁辐射。

二、电磁辐射对人体的影响和危害

不同频率的电磁波，对人体的影响是不同的。

当振动频率在 300MHz 以下时，人体处于感应场区，感应场区作用范围是波长的 1/6。区间内的电磁能量呈储存状态，对人体的影响主要为电磁能的作用。当振动频率在 300MHz 以上时，人体则处于辐射场内，该波段电磁能量以波的形式向周围空间辐射，人体受到的是辐射波能的影响。通常，把振动频率大于 300MHz 的电磁波称为微波。微波的辐射场区分为辐射近场区和辐射远场区。辐射近场区位于电抗性近场区（感应区）与辐射远场区之间。例如一般工业上的微波加热炉、医院用的微波理疗机和试验条件下的微波振动设备等的操作人员，都在辐射近场区工作。

无线电设备、淬火、烘干和熔炼的高频电气设备，能辐射出波长 1~50cm 的电磁波。这种电磁波能引起人体体温增高、身体疲乏、全身无力和头痛失眠等病症。主要影响包括：

（1）中枢神经系统功能失调。主要为神经衰弱综合症，有头昏、头痛、乏力、记忆力减退、睡眠障碍（失眠、多梦）、心悸、消瘦和脱发等现象。接触微波者除神经衰弱症状较明显、持续时间较长外，往往还伴有其他方面的变化，如常见的有脑电图慢波明显增加。但脱离接触后，大多数可以恢复正常。

（2）植物神经系统功能失调。主要表现为手足多汗、头晕等。

（3）心血管系统功能失调。心血管系统会出现心动过速或过慢、窦性心律不齐。还可能有传导阻滞、高血压及低血压症状等。

复习思考题

1. 什么是电磁辐射？
2. 电磁辐射对人体有哪些影响和危害？

课题四　雷电对人体的作用及影响

【培训目的】

1. 正确理解雷电的概念和雷电分类。
2. 正确理解雷电对人体的影响。
3. 熟练掌握雷电对人体伤害。

【培训知识点】

1. 雷电的概念和雷电的分类。
2. 雷电对人体的影响。
3. 雷电对人体的伤害。

一、雷电的概念

雷电是发生在大气层中的一种声、光、电的气象现象，是伴有闪电和雷鸣的一种雄伟壮观而又有点令人生畏的放电现象，如图 5-1 所示。雷电一般产生于对流发展旺盛的积雨云中，因此常伴有强烈的阵风和暴雨，有时还伴有冰雹和龙卷

图 5-1　雷电

风。积雨云顶部一般较高，约达 20km，云的上部常有冰晶。冰晶的凇附，水滴的破碎以及空气对流等过程，使云中产生电荷。云中电荷的分布较复杂，但总体而言，云的上部以正电荷为主，下部以负电荷为主。因此，云的上、下部之间形成一个电位差。当电位差达到一定程度后，就会产生放电，这就是我们常见的闪电现象。放电过程中，由于闪电通道中空气温度骤增，使空气体积急剧膨胀，从而产生冲击波，导致强烈的雷鸣。带有电荷的雷云与地面的突起物接近时，它们之间就会发生激烈的放电，并在放电地点出现强烈的闪光和爆炸的轰鸣声，这就是人们见到和听到的闪电雷鸣。雷电的平均电流是 3 万 A，最大电流可达 30 万 A。雷电的电压很高，约为 1 亿 ~ 10 亿 V。一个中等强度雷暴的功率可达 1000 万 W，相当于一座小型核电站的输出功率。因此，雷电对人体的危害要比触电严重得多。

雷电灾害是联合国公布的 10 种最严重的自然灾害之一，随着城市在扩大，大楼在长高，电脑、网络及各种家用电器的广泛普及，雷电灾害也在悄然走进城市。

二、雷电的种类

根据危害方式不同，雷电可分为直击雷、感应雷、雷电侵入波和球形雷等几种。

1. 直击雷

如果云层较低，在地面的凸出物上感应出异性电荷并与凸出物之间形成迅猛的放电现象，这就是直击雷。

2. 感应雷

感应雷又称雷电感应，分静电感应和电磁感应两种。静电感应是由于云层接近地面时，在地面凸出物顶部感应出大量异性电荷，在云层与其他部位或其他云层放电后，凸出物顶部的电荷失去束缚，以雷电波的形式高速传播形成感应雷。电磁感应是当发生雷击后，在落雷处周围空间形成迅速变化的强磁场，在其邻近的金属导体内感应出很高的电压而在导体凸出的部位产生对地放电。

3. 雷电侵入波

雷电侵入波是由于架空线路或空中金属管道上遭雷击时，产生的冲击电压沿线路或管道迅速传播的雷电波，如在中途未能使大量电荷入地，则雷电波就会侵入室内，从而对人体造成伤害。

4. 球形雷

球形雷即球状闪电，俗称滚地雷，是闪电的一种，通常都在雷暴天气时发生。球形雷就是一个呈现红光或极亮白光的圆球形的火球，直径 15～30cm 不等，通常它只会维持数秒，但也有维持了 1～2min 的记录，更神奇的是它可以在空气中独立而缓慢地移动。颜色除常见的橙色和红色外，还有蓝色、亮白色，还有的镶嵌着幽绿色的光环。球形雷并不多见，但它可以从门、窗等通道侵入室内。

三、雷电对人体的影响及危害

1. 雷电对人体的影响

雷电为一种直流电，具有电流大、时间短、频率高、电压高的特点。若人体直接遭受雷击，其后果不堪设想。

大多数雷电伤害事故是由于反击或雷电电流引入大地后，在地面产生很高的电位，使人体遭受冲击跨步电压或冲击接触电压而造成的电击伤害。

所谓反击，是指当避雷针、构架、建筑物或高型物体等在遭受雷击时，雷电电流通过以上物体及其接地部分流入大地并产生很高的冲击电位，当附近有人或其他物体时，对人或其他物体产生的放电现象。人体遭受反击是相当危险的。

2. 雷电对人体的伤害

当人被雷电击中，呼吸心搏常立即停止，并伴有心肌损害。皮肤血管收缩呈网状图案，是闪电损伤的特征，继而出现肌红蛋白尿。其他临床表现与高压电损伤相似。

雷电对人体的伤害，有电流的直接作用，以及高温作用。当人遭受雷电击的一瞬间，强大的电流迅速通过人体，重者可导致心跳、呼吸停止，肺功能衰竭，脑组织缺氧而死亡。雷电瞬间温度极高，会迅速将人体组织烧伤而"炭化"。另外，雷击时产生的火花，也会造成不同程度的皮肤灼伤。雷电击伤，可使人体出现树枝状雷击纹，表皮剥脱，皮内出血，也可能造成耳鼓膜或内脏破裂等。

此外，雷电产生的强大感应磁场，可在地面金属网络中产生感应电荷，高强度的感应电荷会在这些金属网络中形成强大的瞬间高压电场，从而形成对用电设备的高压弧光放电，最终会导致电气设备烧毁。尤其对电子等弱电设备的破坏最为严重，如电视机、电脑、通信设备、办公设备等。每年被感应雷电击毁的用电设备事故达千万件以上。这种高压感应电也会对人身造成伤害。

复习思考题

1. 什么是雷电？根据危害方式不同，雷电可分为哪几种？
2. 雷电对人体有哪些影响？
3. 雷电对人体有哪些伤害？

单元六

触电现场自救
急救技术

课题一　　触　　　电

【培训目的】

1. 正确理解触电的概念及触电的原因。
2. 正确理解触电事故的发生规律。
3. 熟练掌握人体与带电体的直接接触触电方式及原理。
4. 熟练掌握人体与带电体的间接接触触电方式及原理。
5. 熟练掌握人体与带电体的距离小于安全距离的触电方式及原理。

【培训知识点】

1. 触电的概念及触电的原因。
2. 触电事故的发生规律。
3. 人体与带电体的直接接触触电方式及原理。
4. 人体与带电体的间接接触触电方式及原理。
5. 人体与带电体的距离小于安全距离的触电方式及原理。

电是一种与我们日常生活和生产密不可分的重要能源。1879 年法国里昂的木匠在发动机旁工作而触电致死，成为世界上第一例触电死亡的报告，现在全世界每年因触电死亡或致残的人成千上万。

一、触电的基本概念

触电是指当人体直接或间接接触到带电体，电流通过人体感受到疼痛或受到伤害甚至死亡的意外事故。触电是电击伤的俗称。

电流通过人体后，能使肌肉收缩产生运动，造成机械性损伤，电流产生的热效应和化学效应可引起一系列急骤的病理变化，使肌体遭受严重的损害，特别是电流流经心脏，对心脏的损害极为严重。极小的电流可引起心室纤维性颤动，导致死亡。

二、触电的原因

1．电气设备设计、制造和安装不合理

包括使用质量不合格的电气设备，防误装置不合格，接地设计安装不合格等。例如，由于设计和实际安装情况不相符，在更换变电站 10kV 母线电压互感器过程中，某供电公司工作班成员触碰到带电的避雷器上部接线桩头，发生严重的触电事故。

2．违章作业

包括无工作票作业或工作票终结后作业；未按规定验电并接地后作业；私自进行解锁操作；使用不合格的绝缘工器具或使用绝缘工器具不规范；作业前未认真核对设备名称、编号、色标是否正确；低压电动工具和临时电源没有装设剩余电流动作保护器；在高低压同杆架设的线路电杆上检修低压线路；剪修高压线附近树木而接触高压线；在高压线附近施工；运输大型货物、施工工具和货物碰击高压线；带电接临时电源；带电下拆装电缆；用湿手拧灯泡等。

3．电气设备运行维护不良

包括未按规定的周期和项目对电气设备进行预防性试验；运行维护过程中造成绝缘损伤或受潮；电气设备、电缆或电线漏电后未及时发现或发现后未及时采取有效措施；大风或外力作用破坏电力线路后未能及时发现和处理等。

4．安全意识不强

包括作业前未进行有效的现场勘查；对安全距离是否足够、可能来电的用户设备是否会倒送电及有无感应电等情况未采取有效的预控措施；作业过程中监护人不到位、监护不认真、未严格执行监护制度等。

5．安全用电知识缺乏

如不懂电气技术和对其一知半解的人到处乱拉、乱接电线，盲目安装电灯或电器，直接接触或过分靠近电气设备的带电部分，电线上挂吊衣物，在高压线附近放风筝，攀爬变压器、电线杆等。

从以上触电原因分析中可以看出，绝大多数触电事故都是人为因素造成的，是可以避免的。

常见的触电情况有单相触电、两相触电、接触电压触电和跨步电压触电四种，如图 6-1 所示。

图 6-1　常见的触电情况

三、触电事故的发生规律

触电事故大部分是偶然发生的，事发的突然性与事故的严重性往往使人们措手不及。但大量的统计资料表明，触电事故与其他意外事故一样具有一定的规律性。研究事故的规律性便于人们预防触电事故的发生，并为制订安全措施，最大限度地减少触电事故发生率提供了有效依据。根据国内外的触电事故统计资料分析，触电事故具有以下规律：

1．季节性

根据触电事故的统计表明，在我国的南方地区 1~6 月、9~12 月，我国的北方地区 6~9 月是触电事故的多发期，每年二、三季度事故较多，而 6~9 月最为集中。这主要是因为夏秋季节天气多雨、潮湿，降低了电气绝缘性能；自然灾害频繁，电气设备损坏较多而伤及无辜；天气炎热，工作服、绝缘鞋、绝缘手套等安全防护用具穿戴不整齐或不全，夏天人体穿着单薄且皮肤多汗，也降低了人体电阻。这一时间段是施工和安装繁忙季节，也增加了触电事故发生的几率。

2．低压触电多于高压电

由于低压电网、低压电气设备分布较广，低压设备多，人们一旦思想麻痹、重视不足，管理不严格，缺乏电气安全知识，极易发生触电事故。而且，缺乏用电安全知识的人员多是与低压设备接触的人员。因此，应当将低压方面作为防止触电事故的重点。

3. 单相触电多于两相触电

触电事故中，单相触电要占 70% 以上。往往是由于私拉、乱接，安全措施不到位而造成的。

4. 年龄状况

在触电事故中小孩与年轻人占较大比例。小孩主要是没有安全意识，乱摸乱碰带电设备。年轻人一方面是主要生产者，与电气设备接触多；另一方面是工作年限短，经验不足，技术不成熟，安全用电知识缺乏。

5. 行业特点

建筑、冶金、机械、采矿、造船等行业由于工作现场比较混乱，温度高，湿度大，移动式电气设备多，临时线路多，难以管理，是发生触电事故比较多的行业。特别是建筑施工行业，发生的触电事故占全部触电事故的 40% ~ 50%。电力系统在防止触电事故的措施上比较完善，而且工作人员掌握电气工作安全的规律性比较强，因此触电事故的死亡率比其他行业要低。

6. 农村触电事故高于城市

据统计，农村触电事故是城市触电事故的 6 倍，主要由于农村用电不规范、条件差、设备简陋、管理不严，用电人员缺乏电器设备安全知识和技术等原因，特别是农忙季节触电事故更多。

7. 电气设备部位

电气设备结合部位（如控制器、接触器、断路器等）和导线连接处（分支线、接户线、接线端、压线头、焊接头、灯头、塔头、插座等）容易发生触电。其原因是这些部位容易产生紧固件松动、绝缘老化，使用环境经常变化且经常活动，在使用过程中若不小心很容易发生触电事故。

8. 手持电动工具和移动式电气设备

这些设备经常被移动而且在被紧握之下运行，工作条件差，容易发生绝缘不好、外壳漏电等故障，容易造成触电事故。

9. 工作人员身体状况和精神状态

工作人员由于身体不舒服、与他人发生纠纷、受到批评等原因造成情绪不高、精神状态不好，在工作过程中往往精力不集中、注意力分散，很容易发生触电事故。

四、触电方式

虽然触电的方式很多，触电的分类方法也很多，但归纳起来有以下三类：

207

（一）人体与带电体的直接接触触电

人体与带电体的直接接触触电是指电气设备在完全正常的运行条件下，人体的任何部位触及运行中的带电导体所造成的触电。直接接触触电的危险性最高，是触电形式中后果最严重的一种。

人体与电体直接接触的触电可分为单相触电和两相触电。

1. 单相触电

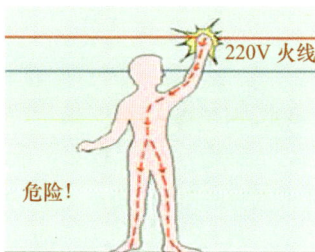

图6-2　单相触电

当人体直接碰触带电设备其中的一相时，电流通过人体流入大地，这种触电现象称为单相触电，如图6-2所示。单相触电是一种较常见的触电形式。对于高压带电体，人体虽未直接接触，但由于超过了安全距离，高电压对人体放电，造成单相接地而引起的触电，也属于单相触电。单相触电时，人体承受的电压为相电压。低压电网通常采用变压器低压侧中性点直接接地和中性点不直接接地（通过保护间隙接地）的接线方式。中性点直接接地的单相触电比中性点不直接接地的单相触电的危险性大。

2. 两相触电

人体同时接触带电设备或线路中的两相导体，或在高压系统中，人体同时接近不同相的两相带电导体，而发生电弧放电，电流从一相导体通过人体流入另一相导体，构成一个闭合电路，这种触电方式称为两相触电，如图6-3所示为低压两相触电。发生两相触电时，无论电网的中性点是否接地，人体对地是否绝缘，人体都会触电。作用于人体上的电压等于线电压，在数值上是相电压的$\sqrt{3}$倍，而且

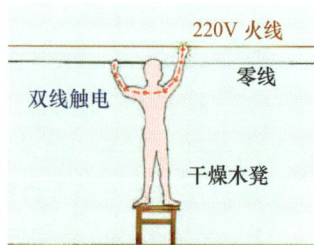

图6-3　低压两相触电

电流全部通过人体，因此这种触电是最危险的。两相触电比单相触电更容易导致死亡，但人体同时直接接触两根带电体的几率很小，所以两相触电事故比单相触电事故少得多。

（二）人体与带电体的间接接触触电

人体与带电体的间接接触触电是指人体触及正常状态下不带电，由于绝缘损坏不能带电的金属部分所造成的触电。

间接接触触电主要包括跨步电压触电和接触电压触电。

1. 跨步电压触电

（1）跨步电压的含义。当电气设备发生接地故障，接地电流通过接地体向大地流散，就会在以接地点为中心的周围形成环形的电场，接地点的电位最高，离中心越远，电位越低。当人的两脚跨在不同的环上时，两脚间的电位会有一个电位差，电流就会顺着这个电位差流动，导致有电流从身体通过，人两脚之间的电位差，就是跨步

图 6-4　跨步电压触电

电压。由跨步电压引起的人体触电，称为跨步电压触电，如图 6-4 所示。跨步电压的大小受接地电流大小、鞋和地面特征、两脚之间的跨距、两脚的方位以及离接地点的远近等很多因素的影响。由于跨步电压受很多因素的影响以及由于地面电位分布的复杂性，几个人在同一地带（如同一棵大树下或同一故障接地点附近）遭到跨步电压电击时，完全可能出现截然不同的后果。

（2）可能发生跨步电压触电的部位。

1）带电导体，特别是高压导体故障接地处，流散电流在地面各点产生的电位差造成跨步电压电击。

2）接地装置流过故障电流时，流散电流在附近地面各点产生的电位差造成跨步电压电击。

3）防雷装置接受雷击时，极大的流散电流在其接地装置附近地面各点产生的电位差造成跨步电压电击。

4）高大设施或高大树木遭受雷击时，极大的流散电流在附近地面各点产生的电位差造成跨步电压电击。

（3）跨步电压触电的后果。人体承受跨步电压时，电流一般是沿着人体的下身，即从脚到腿、到胯、再到脚，与大地形成通路，电流很少通过人的心脏等重要器官，看似危害不大，但当跨步电压较高时，会使触电者双脚发麻、抽筋，甚至跌倒在地。人跌倒后，不仅会跨步距离增加而使作用于人体上的电压增高，还可能改变电流通过人体的路径而经过人体的重要器官，增加了触电的危险性。

2. 接触电压触电

接触电压是指人站在发生接地故障的电气设备旁边，触及漏电设备的外壳

时，其手、脚之间所承受的电压。由接触电压引起的触电事故称为接触电压触电。在发电厂和变电站中，电气设备的外壳和机座都是接地的。正常情况下，这些设备的外壳和机座都不带电。但当设备发生绝缘击穿或接地部分破坏，设备和大地之间产生对地电压时，人体若接触这些设备，其手脚之间便会承受接触电压而触电。接触电压的大小随人体站立点的位置而异。人体距离接地体越远，接触电压越大，当人体站立点在接地体附近与设备外壳接触时，接触电压接近于零。

在企业和家庭中，人体接触漏电的电气设备外壳而触电的现象是经常发生的，因此严禁裸臂赤脚去操作电气设备。当人体需要接近带电设备时，为防止接触电压触电，应戴绝缘手套、穿绝缘鞋。

（三）人体与带电体的距离小于安全距离的触电

当人体与带电体的空气间隙小于一定距离时，虽然人体没有直接接触带电体，也可能发生触电事故。这是因为空气间隙的绝缘强度是有限的，当人体距离带电体的距离足够小时，人体与带电体间的电场强度将大于空气的击穿电场强度，把空气击穿，带电体对人体产生放电，并在人体与带电体之间形成电弧，使人体受到电弧灼伤及电击的双重伤害。

1. 高压电弧触电

高压电弧触电是指人靠近高压线（高压带电体）造成弧光放电而触电。电压越高，对人身的危险性越大。高压输电线路的电压高达几万伏甚至几十万伏，特高压输电线路的电压可达 100 万 V，由于电压过高，即使不直接接触，也可能被弧光击倒而受伤或死亡。

2. 感应电压电击

由于电气设备的电磁感应和静电感应作用，将会在附近的停电设备上感应出一定电位，人体一旦触及这些设备，将会造成感应电压电击触电事故，甚至造成死亡。感应电压的大小，决定于电气设备的电压、几何对称度、停电设备与带电设备的位置对称性以及两者的接近程度、平行距离等因素。由于电力线路对通信线路的危险感应，还可能造成通信设备损坏，甚至造成通信工作人员触电死亡。

3. 残余电荷电击

由于电容效应，电气设备在刚断开电源后尚保留一定的电荷，即为残余电荷。此时如人体触及停电设备，就可能遭到剩余电荷的电击。设备的容量越大，遭受电击的程度也越重。

复习思考题 💡

1. 什么是触电？触电的原因是什么？

2. 触电事故的发生规律有哪些？

3. 触电方式有哪些？

4. 人体与带电体的直接接触触电的方式有哪些？什么是单相触电、两相触电？

5. 人体与带电体的间接接触触电的方式有哪些？什么是跨步电压触电、接触电压触电？

6. 跨步电压触电的后果有哪些？

7. 什么是人体与带电体的距离小于安全距离的触电？人体与带电体的距离小于安全距离的触电方式有哪些？

8. 什么是高压电弧触电感应电压击、残余电荷电击？

课题二　触电的预防

【培训目的】

1. 熟练掌握现场作业人员预防触电的技术措施。
2. 熟练掌握家庭及工矿企事业单位预防触电的技术措施。
3. 熟练掌握现场临时用电的注意事项。
4. 正确理解安全用电要点。
5. 熟练掌握民用建筑的防雷措施。
6. 熟练掌握室内外预防雷击的措施。
7. 掌握常用的防静电技术。
8. 掌握防止电磁辐射的措施。
9. 掌握避免高压静电场对人体伤害的措施。

【培训知识点】

1. 现场作业人员预防触电的技术措施。
2. 家庭及工矿企事业单位预防触电的技术措施。
3. 现场临时用电的注意事项。
4. 生活和工作中安全用电的要点。
5. 民用建筑预防雷击的措施。
6. 室内外预防雷击的措施。
7. 常用的防静电技术。
8. 防止电磁辐射的措施。
9. 避免高压静电场对人体伤害的措施。

一、现场作业人员预防触电的技术措施

在电气设备或电气线路上工作时，为防止触电事故，应严格执行保证安全的组织措施和技术措施。保证安全的组织措施包括现场勘察制度，工作票制度，工

作许可制度，工作监护制度，工作间断、转移和终结制度。保证安全的技术措施是直接保护、防护工作人员作业中免遭触电伤害的技术装置措施，电气工作人员操作前必须按规定和工作票的要求采取完善的技术措施，方可开始工作。保障安全的技术措施包括停电、验电、装设接地线（合接地开关）、悬挂标示牌和装设遮拦等。

1. 停电

对于需要检修的电气设备和线路，应先把各方面的电源断开，包括断开可能向停电检修设备反送电的低压电源。在检查断路器、隔离开关确实处在断开位置后，再断开断路器和隔离开关的操作电源，锁住隔离开关把手并悬挂"禁止合闸，有人工作"的标示牌。

2. 验电

电气设备和线路停电后，必须进行验电，即验明设备或线路有无电压。验电时，要根据电压等级选择合适的和合格的专用验电器。验电时应戴绝缘手套。

验电时人体应与被验电设备保持表 6-1 的距离，并设专人监护。使用伸缩式验电器时应保证绝缘的有效长度。

表 6-1　　　　在带电线路杆塔上工作与带电导线最小安全距离

电压等级（kV）	安全距离（m）	电压等级（kV）	安全距离（m）
交流线路			
10 及以下	0.70	330	4.00
20 ~ 35	1.00	500	5.00
63（66）~ 110	1.50	750	8
220	3.00	1000	9.5
直流线路			
±50	1.5	660	9.0
400	7.2	800	10.1
500	6.8		

3. 装设接地线（合接地开关）

当验明确实没有电压后，应立即装设接地线以及个人保安线，以防止突然来电。在可能送电至停电设备的各部位、可能产生感应电压的设备上也要装设接地线。挂、拆接地线应在监护下进行。

装设接地线应先接接地端，后接导体端，接地线应接触良好，连接可靠。拆接地线的顺序与此相反。装、拆接地线均应使用绝缘棒或专用的绝缘绳。人体不得碰触接地线或未接地的导线。

工作地段如有邻近、平行、交叉跨越及同杆塔架设线路，为防止停电检修线路上感应电压伤人，在需要接触或接近导线工作时，应使用个人保安线。个人保安线应在杆塔上接触或接近导线的作业开始前挂接，作业结束脱离导线后拆除。装设时，应先接接地端，后接导体端，且接触良好，连接可靠。拆个人保安线的顺序与此相反。

个人保安线应使用带有透明护套的多股软铜线，截面积不得小于 $16mm^2$，且应带有绝缘手柄或绝缘部件。严禁以个人保安线代替接地线。

在杆塔或横担接地通道良好的条件下，个人保安线接地端允许接在杆塔或横担上。

4. 悬挂标示牌和装设遮栏（围栏）

在一经合闸即可送电到工作地点的断路器、隔离开关的操作处，均应悬挂"禁止合闸，线路有人工作！"或"禁止合闸，有人工作！"的标示牌。

进行地面配电设备部分停电的工作，人员工作时距设备小于表 6-2 安全距离以内的未停电设备，应增设临时围栏。临时围栏与带电部分的距离，不得小于表 6-3 的规定。临时围栏应装设牢固，并悬挂"止步，高压危险！"的标示牌。

表 6-2　　　　　　　　　设备不停电时的安全距离

电压等级（kV）	安全距离（m）
10 及以下	0.70
20、35	1.00
66、110	1.50

表 6-3　　　　　工作人员工作中正常活动范围与带电设备的安全距离

电压等级（kV）	安全距离（m）
10 及以下	0.35
20、35	0.60
66、110	1.50

在城区或人口密集区地段施工时，工作场所周围应装设遮栏（围栏）。

高压配电设备做耐压试验时应在周围设围栏，围栏上应悬挂适当数量的"止步，高压危险！"标示牌。严禁工作人员在工作中移动或拆除围栏和标示牌。

二、家庭及工矿企事业单位预防触电的技术措施

为防止发生人身触电事故，除了加强安全管理，普及安全用电知识，避免错误用电［如图6-5（a）所示直接用普通的剪刀剪断带电线，图6-5（b）所示直接用湿布擦拭带电的插座都是严重错误的］，提高现场管理人员和作业人员安全意识，督促其严格执行安全管理规章制度外，还应采取必要的技术措施。减少或避免发生人身触电事故的技术措施主要有绝缘保护、保护接地和保护接零、漏电保护、电气隔离和使用安全电压等。

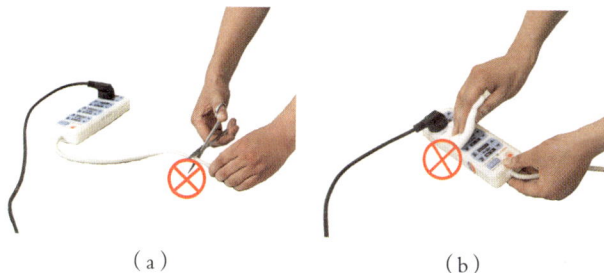

（a） （b）

图6-5 部分错误用电

（a）直接剪断带电线；（b）直接用湿布擦拭带电插座

1. 绝缘保护

绝缘是指利用不导电的绝缘材料对带电体进行封闭和隔离，这是防止直接触电的基本保护措施，是保证电气线路和设备正常工作的前提，也是防止触电的主要措施之一。各种电气线路和设备都是由导体部分和绝缘部分组成的。绝缘材料的绝缘性能降低或丧失将导致电气线路和设备漏电、短路，从而引发设备损坏及人身触电事故。不同的电气线路和设备对绝缘材料的要求不同，选用的绝缘材料性能必须与电气线路和设备的工作电压、载荷电流、工作环境和运行条件相适应。不同的设备或电路对绝缘电阻的要求不同。例如，新装或大修后的低压设备和线路，绝缘电阻不应低于0.5MΩ；高压线路和设备的绝缘电阻不低于1000MΩ。必要时，电气线路或设备可采用双重绝缘的措施，即在工作绝缘之外再加一层加强绝缘。当工作绝缘损坏以后，加强绝缘仍可以保证绝缘，不致发生金属导体裸露造成触电事故。

2. 保护接地和接零

保护接地和接零是防止间接触电的基本技术措施，是防止发生人身触电事故的有效措施之一。

保护接地就是将电气设备的金属外壳与接地体相连接，以防止发生人身触电事故，应用于中性点不接地的电网三相三线制系统中，电压高于1kV的高压电网中的电气装置外壳也应采取保护接地。

215

保护接零也称接中性线保护，就是将电气设备的金属外壳用导线与三相四线制供电系统的中性线（即零线）直接连接，当设备漏电时，电流经过设备的外壳和零线形成单相短路，短路电流烧断熔断丝或使自动开关跳闸，从而切断故障部分，消除隐患，保障人身安全。

3. 漏电保护

漏电保护是通过检测机构获取漏电异常信号，经过中间转换和放大后，传递给执行机构，将电源自动切断，从而起到保护作用。漏电保护分漏电保护开关保护和漏电保护器保护两种。漏电保护器是防止因漏电而引起人身触电的一种重要保护设备，目前我国在许多场所包括家庭住宅都安装了这种装置。

我国漏电保护器有电压型和电流型两大类，用于中性点不直接接地和中性点直接接地的 1kV 及以下低压供电系统中。装设漏电保护器对人身安全的保护作用远比保护接地和接零优越。目前，漏电保护器已得到广泛应用。

4. 电气隔离

电气隔离就是对于可能有较大触电危险、经常使用或接触的带有金属外壳的家用电器，在其安装位置的一定范围内放置橡皮垫、绝缘毯、瓷砖或干燥的木板等绝缘材料。当人使用或接触这些用电设备外壳时，先踏在这些绝缘材料上，即使这些用电设备外壳漏电，由于这些绝缘材料形成人体与大地的隔离，通过人体的电流也很小。对所使用的家用电器采取电气隔离，是方便、有效地防止触电措施。为防止小孩接近家用电器而发生触电危险，还可以在家用电器安放处采取装设护屏遮拦的方法。

采用电气隔离的方法，要注意经常用验电笔检查电器外壳是否有带电现象，一旦发现有漏电现象，及时维修，消除隐患。

5. 使用安全电压

对于安全要求很高的家用电器，如直接与人体皮肤和毛发接触的电器，可直接使用不高于 42V 的安全电压。一般家用电器都是直接从供电线路上获得安全电压的，这时必须使用安全隔离变压器，这种变压器至少是通过双重绝缘或加强绝缘使输入绕组与输出绕组相隔离，并应满足以下要求：

（1）变压器上没有可以被人体触及的带电部分。

（2）变压器的低压侧应与其他电压等级的电路绝缘。

（3）在变压器的低压侧的电器所使用的插头、插座及连接器应采用特殊的形式和尺寸，不同额定电压等级的插头、插座及连接器不能互插。

三、现场临时用电注意事项

电力作业现场及其他工作现场经常使用临时电源或线路，使用中应重点注意以下几点：

（1）临时用电线路使用的电缆线，应绝缘良好、无破损、沿边角设置，禁止乱拉乱放，保证各电源箱柜门能够完全关闭。

（2）电缆截面积必须满足最大负荷要求，必须装设漏电保护装置。插座、隔离开关等如有破损且可能引起使用过程中触电的，禁止使用。接电源时，必须牢固可靠，使用完毕，必须及时拆除，恢复原状。

（3）在户外使用临时移动电源必须有防雨措施。在有易燃、易爆场所使用临时电源，必须严格遵守有关易燃易爆场所的管理规定，做好严格的防火和防爆措施。

（4）箱（板）应设置在高度 1.5m 左右位置，且要牢固、整洁、完好、防雨、易操作，熔丝配置应与负荷相适应。

（5）灯具设置高度不低于 2.5m，人员易碰处的灯具，应有防护网罩。潮湿场所、金属容器内、照明灯具应使用 12V 及以下的安全电压。

（6）线路架设时应先安装用电设备一端，再安装电源侧一端；拆除时与此相反。严禁利用大地作中性线（或零线）。

（7）用电设备应装有各自专用的开关，实行一机一个控制开关的方式；严禁用同一个开关直接控制两台及以上的用电设备（含插座）。

（8）现场的电源接入点，必须牢固的接入 380V 检修电源箱或 220V 插座。禁止使用无插头的电源线直接塞入插座或接在其他电源上。电源线绝缘必须完整，连接头应使用绝缘胶布包扎完整。在室外或潮湿的地方使用的电源线必须无接头，跨越路面的电源线必须有防压措施，电源开关与电气设备必须有防潮措施。

四、安全用电要点

采取了各种安全保障措施，并不就是万无一失了。假如不懂得安全用电知识，在安装、使用、检修电气设备时还可能发生触电事故。因此，为防止触电事故发生，在生活和工作中应注意以下几点：

（1）使用家用电器，尤其是新购买的家用电器，使用前要先了解其性能、特点、使用方法和安全注意事项，不得乱动。

（2）室内电气设备及电线，裸露的部分应包上绝缘或设罩盖。当发现开关、熔断器、插座等有破损使带电体外露时，应及时更换，不得将就使用。

（3）接户线的长度一般不得超过25m。接户线在进线处的对地高度一般应在2.7m以上；如果采用裸露导线作为接户线，对地高度应在3.5m以上。接户线端头与进户线管口之间的垂直高度一般不应大于0.5m。在进户线管前，要做一防水弯头，以防雨水沿导线进入线管，损坏导线绝缘。

（4）开关要装在火线上，不能装在零线上。悬挂吊灯的灯头离地面的高度不应小于2m，在特殊情况下可降到1.5m。明插座安装高度一般离地面1.8m。明装电能表板底口离地面应不低于1.8m。

（5）有金属外壳的家用电器，如电冰箱、电扇、电熨斗、电烙铁、电热炊具等，要用有接地极的三极插头和三孔插座，而且要求接地装置良好，或者加装触电保安器。当不能满足这些要求时，至少应采取电气隔离措施。

（6）在高温、特潮和有腐蚀气体的场所，如厨房、浴室、卫生间等，不允许安装一般的插头、插座。在清洁、检修这类场所的灯具时，特别要注意防止触电，最好在停电后进行。

（7）对于小型或移动性的家用电器，在距离现成的接地装置很远或采用有效的接地保护在技术上有困难时，则使用者应站在橡皮垫、绝缘毯或干燥的木板等绝缘材料上，或限制其使用的电压等级。

（8）安装电灯严禁用"一线一地"（即用铁丝或铁棒插入地下来代替零线）的做法。电灯线不宜过长，不要把电灯吊来吊去，不能用电灯当手电筒照明，以免电线绝缘被磨损而发生触电。

（9）尽量不用灯头开关，而用拉线开关，因为手经常接触灯头容易触电。尽量不用床头开关，因为这种开关容易被床架碰坏或被小孩玩耍引起触电。床头开关的软线不可绕在铁床架子上。采用螺口灯座时，火线必须接在灯座的顶芯上；灯泡拧进后，金属部分不应外露，否则应加安全圈。

（10）更换灯泡时要先关灯，人站在木凳子或干燥的木板上，使人体与地面绝缘。清洁灯泡时，要用干燥的布擦，手不要触及灯头的金属部分，尤其是螺口灯头，更换或清洁时要加倍小心。最好将灯泡拧下来擦。湿手或湿布都不能接触灯泡和其他电器。

（11）晒衣服的铁丝要与带电的电线保持一定的安全距离。禁止在电线上晾衣服、挂东西。不要接近已断了的电线，更不可直接接触。雷雨时不要接近避雷装置的接地极。

（12）尽可能不要带电修理电器和电线。在检修前，应先用验电笔检测是否带电，经确认无电后方可工作。另外，为防止电路突然来电，应拉开控制开关。

（13）采取对地绝缘措施。操作时不要赤膊、赤脚或穿潮湿的鞋子，应穿上绝缘良好的胶鞋或没有铁钉掌的干燥布鞋，人站在绝缘物上，身体切勿和砖墙、水泥柱、土墙以及潮湿的木板、木柱、竹柱等建筑物直接接触。

（14）养成单相操作的习惯，以防两相触电。在检修时，手不可同时触及火线和零线或地线以及接线头。在连接分支线路时，接好一根线后先用绝缘胶带缠好，再接另一根线。在检修时，凡有可能因不慎而触及的邻近带电裸导体时，必须预先加以遮护。

（15）在检修电器和线路时常用的电工钳和螺丝刀，凡与手接触的部分，均要有良好的绝缘。如果采用普通的钢丝钳，应套上绝缘管。不得已的情况下，可在手柄上缠几层绝缘胶带，然后戴上手套工作。严禁使用铁柄螺丝刀。

（16）尽量避免雨天修理户外电器设备或移动带电的电器设备。

（17）不可将照明灯、电熨斗、电烙铁等器具的导线绕在手臂上进行工作。

（18）避免插头、插座不配套。例如铜接头太长，插进插座后还有一段露出外面。插头要插到底，不可将一段外露。

（19）注意经常检查或检修电器设备，以便及时发现绝缘陈旧、老化、破损及其他各种隐患。

（20）教育孩子不要玩弄电线、电器。不懂电气的人，不要擅自安装、拆除、检修电器设备。

五、防雷措施

1．民用建筑的防雷措施

（1）避雷针和避雷带是民用建筑常用的防雷措施，尤其是避雷带的应用更为普遍。一套完整的避雷装置还应包括引下线和接地装置。

（2）建筑物的结构钢筋、金属管道、金属设备均应接地，以防止雷电感应产生的高电压。

2．室内预防雷击的措施

（1）在室内应注意防止雷电侵入波的危险。雷雨天应离开照明线、动力线、电话、广播线、收音机和电视机电源线、收音机和电视机天线，以及与其相连的各种金属设备，以防止这些线路或设备对人体二次放电。调查资料表明，户内70%以上对人体的二次放电事故发生在与线路或设备相距 1m 以内的场合，相距 1.5m 以上者尚未发生死亡事故。由此可见，雷暴时人体最好离开可能传来雷电侵入波的线路和设备 1.5m 以上。应当注意，仅仅拉开开关对于防止雷击是起不了多大作用的。电视机的室外天线在雷雨天要断开。

（2）雷雨天应关好门窗，防止球形雷进入室内造成伤害。

（3）雷雨天要尽量远离门窗。

（4）雷雨天不用或少用收音机、手机、电脑，尽量不用电器。

（5）雷雨天最好拔下家用电器的电源插头。

3. 室外预防雷击的措施

（1）若非工作必须，雷雨天应尽量减少在户外或野外逗留。雷雨天在室外应尽量离开小山、小丘、隆起的小道，离开海滨、湖滨、河边、池塘旁，避开铁丝网、金属晒衣绳以及旗杆、烟囱、高塔、高楼平台、单独的树木附近，还应尽量离开没有防雷保护的小建筑物或其他设施。

（2）不要依靠建筑屏蔽的街道或高大树木屏蔽的街道躲避雷雨，如万不得已应与建筑物或树干保持一定的距离，下蹲并双腿靠拢。如有条件，可进入有宽大金属构架或有防雷设施的建筑物、汽车或船只内躲避雷雨。

（3）雷雨天不要在旷野中打伞、高举羽毛球拍、锄头、渔竿等。

（4）不要在雷雨天放风筝，不要在雷雨天进行户外球类运动，不要在河边洗衣服、钓鱼、游泳等。

（5）在雷雨天气中，不宜快速开摩托车、骑自行车和在雨中狂奔，因为身体跨步越大，跨步电压就越大，受伤的机会增大。

（6）如果一时来不及离开高耸之物，可将木板、塑料布等物铺垫在地上，人坐或跪在上面，双脚合拢，并且不要接触潮湿的地面，不要用手撑地，头的位置尽量压低。不要与人拉在一起，最好使用塑料雨具、雨衣等。

（7）雷击前几秒钟内，被击者常可感到某种异常，如觉得自己毛发突然竖起，或皮肤有刺痛感，这常是被击先兆。此时，应迅速离开原处，向任何一个方向快速奔跑，或顺势扑向、滚向、跃向任何一个方向，只要能离开刚才所在位置。因为一次雷击的区域常很小，只要反应灵敏，措施及时，完全能逃离雷击点。

（8）如在旷野中发现闪电就在自己附近，闪电与雷声几乎同时出现，说明自己身处雷击危险区。此时，如靠近树木或电线杆等高耸之物，应迅速离开，但最好不要奔跑着离开，而是尽量采用低重心体位，以翻滚式或爬行式逃离。

（9）如果在户外看到高压线遭雷击断裂千万不要盲目逃离，因为高压线断端附近存在跨步电压，因此千万不能跑动，而应双脚并拢跳离现场。

（10）雷雨天气必须巡视室外高压电气设备时，必须穿绝缘靴，最好穿塑料等不浸水的雨衣，并不得靠近避雷针和避雷器。

六、防静电措施

雷电和静电有许多相似之处。例如，雷电和静电都是相对于观察者静止的电荷聚积的结果。雷电放电与静电放电也有一些相同之处。例如，雷电和静电的主要危害都是引起火灾和爆炸等。但雷电与静电的电荷产生和聚积方式不同、存在空间不同、放电能量相差甚远，其防护措施也有很多不同之处。消除的静电措施主要包括以下几个方面：

（1）选用合适的材料和进行有效的工艺改进。尽量选用不容易产生静电的材料，减少静电荷的产生。如选用导电性好的材料或涂上导电性材料。通过工艺改进可以有效地降低静电放电量。如适当降低变压器潜油泵的转速以减小因摩擦而产生的静电。

（2）采用静电接地。接地是静电防护中最有效和最基本的技术措施。良好的接地可以将静电荷迅速释放，避免电荷积累造成强放电危害人身安全。必要时可使用导电性地面或导电性地毯，采用防静电手腕带或脚腕带与接地电极连接，消除人体静电。

（3）穿用静电防护服装。可穿导电鞋防止人体在地面上作业时产生的静电荷积累。穿用防静电工作服、帽、手套、指套等也可以减少静电的产生，提高静电释放的速度以防止静电积累。

（4）对作业环境采用防静电控制措施。由于随着湿度的增加，绝缘体表面上形成薄薄的水膜，能使绝缘体的表面电阻大大降低，能加速静电的泄漏。因此，尽可能的维持足够高的作业环境湿度，控制室内湿度不低于65%。保持作业场所的清洁，减少空气中的含尘量，这些都是防止人体附着带电的有效措施。

七、防止电磁辐射的措施

（1）对高频设备及设施做好屏蔽和良好的接地。

（2）对高频设备进行结构上的改善。

（3）限制或减少在电磁辐射区的工作时间。

八、避免高压电场对人体伤害的措施

（1）降低人体高度范围内的电场强度。如提高线路或电气设备的安装高度。

（2）尽量不要在电气设备上方设置软导线，以利于人员在设备上检修。

（3）控制箱、端子箱等装设在低处或布置在电场强度较低处，以方便运行和检修人员接近。

（4）电场强度大于10kV/m且有人员经常活动的地方增设屏蔽线或屏蔽环。

（5）在设备周围装设接地围栏，围栏应比人的平均高度高，以便将高电场区限制在人体高度以上。

（6）尽量减少同相母线交叉跨越。

复习思考题

1. 现场作业人员预防触电的技术措施有哪些？
2. 家庭及工矿企事业单位预防触电的技术措施有哪些？
3. 什么是绝缘保护？如何进行绝缘保护？
4. 什么是接地和接零保护？如何进行接地和接零保护？
5. 什么是漏电保护器保护？如何进行漏电保护器保护？
6. 什么是电气隔离？如何进行电气隔离？
7. 现场临时用电的注意事项有哪些？
8. 安全用电要点有哪些？
9. 民用建筑的防雷措施有哪些？
10. 室内预防雷击的措施有哪些？
11. 室外预防雷击的措施有哪些？
12. 防静电措施有哪些？
13. 防止电磁辐射的措施有哪些？
14. 避免高压电场对人体伤害的措施有哪些？

课题三　触电的现场急救

【培训目的】

1. 正确理解触电现场急救的原则。
2. 熟练掌握触电者的临床表现。
3. 熟练掌握触电现场自救的方法。
4. 熟练掌握触电者脱离低压电气设备电源的方法。
5. 正确理解触电者脱离电源时的注意事项。
6. 熟练掌握杆上或高处营救的方法。
7. 熟练掌握触电伤者的处理方法。
8. 正确理解触电急救的注意事项。
9. 熟练掌握电"假死"症状的判定方法和电"假死"与真死鉴别的鉴别方法。
10. 熟练掌握对雷电伤者的急救方法。

【培训知识点】

1. 触电现场急救的原则。
2. 触电者的临床表现。
3. 触电者脱离电源时的注意事项。
4. 触电伤者的处理方法。
5. 触电急救的注意事项。
6. 对雷电伤者的急救方法。

【培训技能点】

1. 触电者现场自救的方法。
2. 触电者脱离低压电气设备电源的方法。
3. 触电时抛挂接地线的方法。
4. 杆上或高处营救触电者的方法。
5. 电"假死"症状的判定方法和电"假死"与真死鉴别的鉴别。

一、触电现场急救的原则

触电现场急救是电力紧急救护工作中一项非常重要的工作，它的目的和任务是使触电伤员迅速脱离电源，同时及早呼救"120"，在医务人员未到之前，按照"迅速、就地、准确、坚持"的原则，立即进行现场急救。

1. 迅速

所谓迅速，其一是指脱离电源迅速；其二是指现场急救迅速。在其他条件相同的情况下，触电时间越长，造成触电者心室颤动乃至死亡的可能性也越大。而且人触电后，由于痉挛或失去知觉等原因，会紧握带电体而不能自主摆脱电源。因此，若发现有人触电，应采取一切可行的措施，迅速使其脱离电源，这是救活触电者的一个重要因素。触电者脱离电源后应立即检查触电者的伤情，并及时拨打"120"急救电话。

在脱离电源过程中，施救者必须保持清醒的头脑，安全、准确、争分夺秒，既要救人，也要注意保护自身的安全。只有保护好自己，才能对他人进行施救。

2. 就地

所谓就地，其一是指将触电者脱离电源后现场没有其他将要发生的危险时的就地；其二是指触电者呼吸、心跳停止后要就地（现场）进行急救。实施抢救者必须在现场或附近就地进行抢救，千万不要试图送往供电部门、医院抢救，以免耽误最佳的宝贵抢救时间。通常，脑细胞在常温下如果缺血缺氧在4min以上就会受到损伤，超过10min脑细胞就会产生"不可逆"的严重损伤。即使侥幸被救活，智力也将受到极大影响，甚至成为没有任何意识的"植物人"。因此，在循环停止4min内实施正确的心肺复苏，抢救效果最明显，救活率可达90%左右；4~6min实施抢救，部分有效；6~10min后才进行抢救则少有复苏者；超过10min以后抢救，触电者被救活的希望微乎其微。

3. 准确

所谓准确，其一是指对触电者的生命体征判断准确以便对症施救。其二是指施救者的各种急救方法必须准确到位。呼吸心跳停止者必须立即按压，而呼吸、心跳未停止者决不允许进行心肺复苏的操作。实施抢救者的心肺复苏操作包括按压部位、按压频率、按压深度、人工呼吸与胸外按压的比例等必须准确、规范。只有准确的心肺复苏操作方法才有将呼吸、心跳停止的触电者救活的可能。

4. 坚持

所谓坚持，其一是指要有坚持的信心，坚持是触电者复生的希望，只要有百分之一的希望就要尽百分之百的努力去抢救。不抛弃、不放弃，生命一定有奇迹。其二是指要保证时间的坚持。要有耐心，心肺复苏的成功率，关键取决于施救者对触电者施行现场心肺复苏的开始抢救时间和持久时间。抢救要一直坚持到医务人员到达并接手后。

触电者死亡一般先后出观心跳、呼吸停止，瞳孔放大，尸斑、尸僵和血管硬化等特征，如果这些特征中有一个尚未出现，都应把触电者当作是"假死"，还应继续坚持抢救。

二、触电者的临床表现

触电者的临床表现常见的有：

（1）轻者可出现恐惧、紧张、大喊、大叫、身体有难以耐受的麻木感。被救下后有头晕、心悸、面色苍白，甚至晕厥，清醒后伴有心慌和四肢软弱无力。

（2）重者可出现呼吸浅而快、心跳过速、心率失常或短暂昏迷。

（3）严重者出现四肢抽搐、昏迷不醒或心搏骤停。

（4）一般存在不同部位、深度、面积的电烧伤。

（5）常伴有高空坠落跌伤。

三、触电现场自救

如果是自己触电，附近又无人救援，此时需要触电者镇定地进行自救。因为在触电后的最初几秒钟内，处于轻度触电状态，人的意识并未丧失，理智有序地判断处置是成功解脱的关键。触电后并不像通常想象的那样会把人吸住，只是因为交流电可引起肌肉持续的痉挛，所以手部触电后就会出现一把抓住电线，甚至越抓越紧的现象。此时，触电者可用另一只空出的手迅速抓住电线的绝缘处，将电线从手中拉出解脱触电状态。

如果触电时电气设备是固定在墙上的，则可用脚猛力蹬墙，同时身体向后倒，借助身体的重量和外力摆脱电源。能够自我解脱的触电者一般不会出现诸如耳聋、视力障碍、月经紊乱、轻度性格改变等后遗症。

四、触电现场急救

（一）脱离电源

脱离电源就是要把触电者接触的那一部分带电设备的所有断路器（开关）、隔离开关（刀闸）或其他断路设备断开；或设法将触电者与带电设备脱离开。在脱离电源过程中，施救者也要注意保护自身的安全。如果发现有人触电，作为救助者必须争分夺秒，充分利用当时当地的现有条件，使触电者迅速脱离电源。绝不可用手直接去拉触电者，这样不仅使触电者再次充当导体增加了电流的损伤，而且使救助者自身的生命安全受到电击的威胁。使触电者脱离电源的方法一般有两种：一是立即断开触电者所触及的导体或设备的电源；二是设法使触电者脱离带电部位。

1. 脱离低压电气设备电源

低压触电事故可采用下列方法使触电者脱离电源：

（1）如果触电地点附近有电源开关或电源插座，可立即拉开开关或拔出插头，断开电源，如图6-6所示。但应注意开关只是控制一根线，有可能因安装问题只能切断零线而没有真正断开电源。

（2）如果触电地点附近没有电源开关或电源插座（头），可用有绝缘柄的电工钳或有干燥木柄的斧头切断电源线，断开电源，如图6-7所示；或用木板等绝缘物插入触电者身下，以使其脱离电源。

图6-6　拉开开关或拔掉插头　　　图6-7　切断电源线

（3）当电线搭落在触电者身上或压在身下时，可用干燥的衣服、手套、绳索、木板、木棒等绝缘物作为工具，拉开触电者或挑开电线，使触电者脱离电源，如图6-8所示。

（4）如果触电者的衣服是干燥的，又没有紧缠在身上，可以用一只手抓住他的衣服，拉离电源，如图6-9所示。但因触电者的身体是带电的，其鞋的绝缘也可能遭到破坏，救护人不得接触触电者的皮肤，也不能抓他的鞋。

图6-8　用干燥的木棍挑开电线　　　　　图6-9　拉开触电者

（5）若触电发生在低压带电的架空线路杆塔上或配电台架、进户线上，对可立即切断电源的则应迅速断开电源，施救者迅速登杆或登至可靠的地方，并做好自身防触电、防坠落安全措施，用带有绝缘胶柄的钢丝钳、绝缘物体或干燥不导电物体等工具将触电者脱离电源。

（6）如果触电者躺在地上，可用木板等绝物插入触电者的身下，以隔断电流。

2．脱离高压电气设备电源

如果触电者触及高压电源，因高压电源电压高，一般绝缘物对施救者不能保证安全，而且往往电源的高压开关距离较远，不易切断电源，这时应采取以下措施：

（1）立即通知有关部门或单位停电。

（2）在高压带电设备上触电时，急救人员应戴上绝缘手套，穿好绝缘靴，使用相应电压等级的绝缘工具，按顺序拉开电源开关或熔断器，如图6-10所示。

（3）在架空线路上触电又不能迅速联系有关部门停电时，可用抛挂接地线（裸金属线）的方法，使线路短路，迫使保护装置动作，断开电源，如图6-11所示。在抛掷金属线之前，应先将金属线的一端固定可靠接地，然后另一端系上重物抛掷。切记此时抛掷的一端不可触及触电者和其他人，并注意防止电弧伤人或断线危及人员安全，同时应做好防止触电者发生高空坠落的措施。另外，抛掷者抛出线后，要迅速离开接地的金属线8m以外或双腿并拢站立，防止跨步电压伤人。

此方法在万不得已的情况下才能使用，否则，会造成施救者触电。

图 6-10　切断高压电源

图 6-11　抛挂接地线

3. 脱离电源时的注意事项

（1）施救者应以"保护自己，救护他人"为原则，始终保持清醒的头脑：不要忙中出错，伤及施救者本人。

（2）施救者要避免碰到金属物体和触电者裸露的身躯，切忌直接用手去接触触电者或用无绝缘的东西接触触电者，以保护自己，施救者也可以站在绝缘垫或干木板上再进行抢救。

（3）实施救护时，施救者最好用一只手操作，以防自己触电。施救者不可直接用手、其他金属及潮湿的物体作为救护工具，而应使用适当的绝缘工具。未采取任何绝缘措施，施救者不得直接触及触电者的皮肤或潮湿的衣服。

（4）当触电者站立或位于高处时，应采取措施防止触电者脱离电源后坠落或跌倒。特别是当触电者在高处的情况下，应考虑防止坠落的措施。即使触电者在平地，也要注意触电者倒下的方向，注意防摔。施救者也应注意救护中自身的防坠落、摔伤措施。

（5）施救者在救护过程中特别是在杆上或高处抢救触电者时，要注意自身和被救者与附近带电体之间的安全距离，防止再次触及带电设备。电气设备、线路即使电源已断开，对未做安全措施挂上接地线的设备也应视作有电设备。施救者登高时应随身携带必要的绝缘工具和牢固的绳索等。

（6）当触及断落在地上的带电高压导线，且尚未确认线路无电时，施救者在未做好安全措施（如穿绝缘靴或临时双脚并紧跳跃式接近触电者）前，不能接近断线点 8～10m 范围内，防止跨步电压伤人。触电者脱离带电导线后应迅速将其带至 8～10m 范围以外，并立即开始触电急救。

（7）如果是夜间抢救，应及时解决切断电源后的临时照明，设置临时照明灯，以便于抢救，避免延误抢救时机。但不能因此延误切除电源和进行急救的时间，并且要符合使用场所防火、防爆的要求。

（二）杆上或高处营救

发现杆上或高处有人触电，应争取时间及早将触电者营救至地面，或直接在杆上或高处进行抢救。

当工作人员在杆上或在高处触电时，抢救者应积极争取减少心跳呼吸停止的时间，在杆上或高处就进行抢救。首先是脱离电源，做好安全防护工作。电流通过人体时，肌肉痉挛，触电者常"抓住"带电部分，切断电源后，肌肉痉挛突然松弛，要防止高空坠落，再造成多发性外伤。

抢救者在登高或登杆前，应嘱咐地面做好准备，随身带好绝缘工具及牢固的绳索，确认自身所处的环境内无危险电源时，固定好安全皮带。

将触电者下放前，先检查绳索扣结、支架是否牢固。解开安全带时不要弄错，防止自己或触电者从高空坠落。

将触电者由杆上营救到地面的方法有单人营救法和双人营救法两种。

1. 单人营救法

首先在杆上安装绳索，将5cm粗的绳子的一端固定在杆上，固定时绳子要绕2～3圈。绳子的另一端绕过触电者的腋下，绑的方法是先用柔软的物品垫在触电者的腋下，然后用绳子环绕一圈，打3个靠结，绳头塞进触电者腋旁的圈内，并压紧，如图6-12所示。绳子的长度应为杆高的1.2～1.5倍。最后将触电者的脚扣和安全带松开，再解开固定在电杆上的绳子，缓缓将触电者放下，如图6-13所示。

2. 双人营救法

如图6-14所示，双人营救法基本与单人营救方法相同，只是绳子的另一端由杆下人员握住缓缓下放，此时绳子要长一些，应为杆高的2.2～2.5倍，营救人员要协调一致，防止杆上人员突然松手，杆下人员没有防备而发生意外。

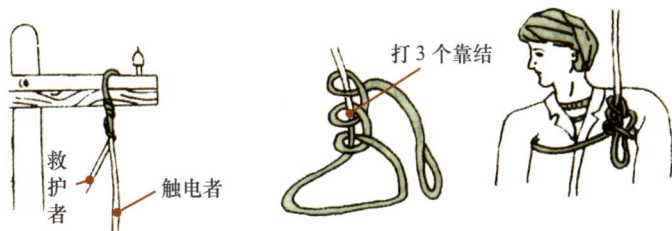

图6-12　杆上营救绳索绑扎方法

图 6-13　单人营救法　　　　图 6-14　双人营救法

（三）触电者脱离电源后的急救处理

在将触电者安全脱离电源后，应迅速将脱离电源的触电者移至通风、凉爽处，使触电者仰面躺在木板或地板上，并解开妨碍触电者呼吸的紧身衣服（松开领口、领带、上衣、裤带、围巾等）。同时，根据单元二中课题二介绍的方法对触电者的意识、呼吸、心跳和瞳孔进行判断，并设法联系医疗急救中心（医疗部门）的医生到现场接替救治。同时，针对触电者不同的情况，采取不同的急救方法。

（1）触电者神志清醒。如果触电者触电时间短、触电电压低，所受的伤害不太严重，神志尚清醒，只是心悸、头晕、出冷汗、恶心、呕吐、四肢发麻、全身乏力，甚至一度昏迷，但未失去知觉，要搀扶触电者到通风暖和的处所静卧休息1～2h，并有人陪伴且严密观察生命体征的变化，同时请医生前来或送往医院诊治。天凉时要注意保温，并随时观察呼吸、脉搏变化。

（2）触电者失去知觉，呼吸和心跳尚正常。如果触电者已失去知觉，轻度昏迷或呼吸微弱者，但呼吸和心跳尚正常，则应使其舒适地平卧在木板上，解开衣服并迅速大声呼叫触电者，同时用手拍打其肩部，无反应时，立即用手指掐压人中穴、合谷穴约5s，以唤醒其意识。四周不要围人，保持空气流通，冷天应注意保暖，随时观察呼吸情况和测试脉搏，同时立即请医生前来或送往医院诊治。

（3）触电者神志不清，有心跳、无呼吸。触电者神志不清，判断意识无，有心跳，但呼吸停止或极微弱时，应立即用仰头抬颏法，使气道开放，并进行口对口人工呼吸。此时切记不能对触电者施行心脏按压。如此时不及时用人工呼吸法抢救，触电者将会因缺氧过久而引起心跳停止。

（4）触电者神志丧失，有呼吸、无心跳。触电者神志丧失，判定意识无，心跳停止，但有极微弱的呼吸时，应立即施行心肺复苏法抢救。不能认为尚有微弱呼吸，只需做胸外按压，因为这种微弱呼吸已起不到人体需要的氧交换作用，如不及时人工呼吸即会发生死亡，若能立即施行口对口人工呼吸法和胸外按压，就能抢救成功。

（5）触电者呼吸、心搏均停止。对触电后呼吸、心搏均停止者，则应立刻在现场进行徒手心肺复苏抢救，不得延误或中断。

（6）触电者呼吸、心搏均停止，并伴有其他外伤。触电者或雷击伤者心跳、呼吸均停止，并伴有其他外伤时，应先迅速进行徒手心肺复苏急救，然后再处理外伤。如果触电者的皮肤严重灼伤时，应立即设法将其衣服和鞋袜小心地脱下，再将伤口包扎好。如果触电者衣服被电弧光引燃时，应迅速扑灭其身上的火，着火者切忌跳动和跑动，可利用衣服、被子、湿毛巾等扑火，必要时可就地躺下翻滚，将火扑灭。

（7）触电者在杆塔上或高处。发现杆塔上或高处有人触电，要争取时间及早在杆塔上或高处开始抢救。触电者脱离电源后，应迅速将触电者扶卧在救护人的安全带上（或在适当地方躺平），然后根据触电者的意识、呼吸及颈动脉搏动情况来进行前（1）～（5）项不同方式的急救。应提醒的是高处抢救触电者，迅速判断其意识和呼吸是否存在是十分重要的。若呼吸已停止，开放气道后立即进行口对口人工呼吸（如图 6-15 所示），吹气 2 次，再测试颈动脉，如有搏动，则每 5s 继续吹气 1 次；若颈动脉无搏动，可用空心拳头叩击心前区 2 次，促使心脏复跳。若需将触电者送至地面抢救，应再口对口（鼻）吹气 4 次，然后立即按前述"杆上或高处营救"的下放方法，迅速放至地面继续进行抢救。

（四）触电急救的注意事项

（1）不管是何种触电情况，无论触电者的状况如何，都必须立即拨打急救电话，请专业医生前来救治。

（2）对于触电者的急救应分秒必争。发生心搏、呼吸骤停的触电者，病情都非常危重，

图 6-15 口对口人工呼吸

这时应一面进行抢救，一面紧急呼叫"120"，送触电者去就近医院进一步治疗。在转送触电者去医院途中，抢救工作不能中断。

（3）现场抢救一般应在现场就地进行，不要随意移动触电者。只有当在现场进行急救遇到很大困难（如黑暗、拥挤、大风、大雨、大雪等）时，才考虑把触电者抬至其他安全地点。移动时，除应使触电者平躺在担架上并在背部垫以平硬阔木板外，应继续抢救，心搏呼吸停止者要继续人工呼吸和胸外心脏按压，在医院医务人员未接替前救治不能中止。

（4）处理电击伤时，应注意有无其他损伤。如触电后弹离电源或自高空跌落，常并发颅脑外伤、血气胸、内脏破裂、四肢和骨盆骨折等。此时要先按创伤的止血、包扎、固定、转运原则进行，否则就会给触电者造成二次伤害，甚至是不可逆的伤害。

（5）严重灼伤包扎前，既不得将灼伤的水泡刺破，也不得随意擦去黏在伤口上的烧焦衣服的碎片。由于灼伤部位一般都很脏，容易化脓溃烂，长期不能痊愈，所以急救时不得接触触电者的灼伤部位，不得在灼伤部位涂抹药膏或用不干净的敷料包敷。

（6）有些严重电击伤患者当时症状虽不重，但在 1h 后可突然恶化。有些患者触电后，心搏和呼吸极其微弱，甚至暂时停止，处于"假死"状态，因此要认真鉴别，不可轻易放弃对触电患者的抢救。

（五）对电"假死"的处理

电"假死"又称微弱死亡，是指人的循环、呼吸和脑的功能活动高度抑制，生命机能极度微弱，用一般临床检查方法已经检查不出生命特征，外表看来好像人已死亡，而实际上还活着的一种状态，经过积极救治，能暂时或长期的复苏。电"假死"的触电者从表面看几乎完全和死人一样，如不仔细检查，很容易误认为已经死亡，甚至将"尸体"处理或埋葬，电"假死"是脑缺氧的结果。

1. 电"假死"症状的判定方法

电"假死"症状的判定方法是看、听、试。

（1）看：观察触电者的胸部、腹部有无起伏动作。

（2）听：用耳贴近触电者的口鼻处，听有无呼气声音。

（3）试：用手或小纸条试测口鼻有无呼吸的气流，再用两手指轻压一侧（左或右）喉结旁凹陷处的颈动脉有无搏动感觉。

如看、听、试的结果，既无呼吸又无颈动脉搏动，则可判定触电者呼吸停止或心跳停止或呼吸、心跳均停止。

2. 电"假死"与真死的鉴别

电"假死"与真死的鉴别可以用下列简单的方法鉴别。

（1）用手指压迫病人的眼球，瞳孔变形，松开手指后，瞳孔能恢复的，说明病人没有死亡。

（2）用纤细的鸡毛放在病人鼻孔前，如果鸡毛飘动；或者用肥皂泡沫抹在病人鼻孔处，如果气泡有变化，说明病人有呼吸。

（3）用绳子扎结病人手指，如指端出现青紫肿胀，说明病人有血液循环。

3. 电"假死"的处理

对于有心跳无呼吸或有呼吸无心跳的情况（那只是暂时现象），若抢救迟缓一些，就会导致触电者心跳呼吸全都停止，甚至造成真正死亡。对电"假死"者仍应进行现场急救，因而对于触电所导致的呼吸、心跳停止所进行的心肺复苏持续时间比一般原因导致的呼吸、心跳停止的复苏要长的多，有一句话用在这里特别适合，那就是"不抛弃、不放弃，生命一定有奇迹"。

五、雷电伤者的现场急救

（1）若伤者神志清醒，有自主呼吸心跳的，让伤者就地平卧，严密观察，暂时不要站立或走动，防止继发休克或心衰。

（2）伤者丧失意识时要立即叫救护车，并尝试唤醒伤者。呼吸停止但心搏存在者，就地平卧解松衣扣，通畅气道，立即口对口人工呼吸。心搏停止但呼吸存在者，应立即做胸外按压。直到确认伤者已经死亡为止，否则不应放弃治疗。

（3）若发现其心搏、呼吸均已经停止，应立即进行口对口人工呼吸和胸外按压，由于雷击伤员往往会出现"假死"现象，故在做心肺复苏时持续时间要长，一般抢救时间不得少于 $60 \sim 90 \mathrm{min}$。直到使触电者恢复呼吸、心跳，或确诊已无生还希望时为止。

（4）雷电击伤常引起肌肉强烈痉挛而导致骨折，雷击也可致衣服着火，应采取相应的治疗措施。

复习思考题

1. 触电现场急救的原则是什么？
2. 触电者的临床表现有哪些？

3. 触电者如何进行现场自救？

4. 触电者脱离电源的方法有哪些？

5. 触电者如何脱离低压电气设备电源？

6. 触电者脱离电源时的注意事项有哪些？

7. 如何进行杆上或高处营救触电者？

8. 触电者如何进行高处抢救？

9. 触电伤者如何处理？

10. 触电急救的注意事项有哪些？

11. 对电"假死"应如何处理？

12. 电"假死"症状的判定方法是什么？电"假死"与真死如何鉴别？

13. 对雷电伤者应如何急救？

课题四　电光性眼炎急救

【培训目的】

1. 正确理解电光性眼炎的概念和产生原因。
2. 正确理解电光性眼炎的发病特点。
3. 熟练掌握电光性眼炎的急救措施和预防措施。

【培训重点】

1. 电光性眼炎的概念和产生原因。
2. 电光性眼炎的发病特点。
3. 电光性眼炎的预防措施。

【培训技能点】

电光性眼炎的急救措施。

电光性眼炎俗称"电焊眼"，也称为紫外线眼伤。电光性眼炎实际上是一种电伤，是因眼睛的角膜上皮细胞和结膜被大量而强烈的紫外线过度照射后发生的急性无菌性炎症。电光性眼炎一般在使用电焊、气焊、用氧气焰切割金属、用紫外线消毒灯等情况下发生。

一、产生原因

（1）使用高温热源操作，如电焊、气焊、用氧气焰切割金属和使用电弧炼钢等。多见于未戴防护面罩而操作电焊机的焊工。电焊弧所产生的紫外线辐射是致电光性眼炎最多、最直接的原因。电焊时电焊弧光能产生相当大强度的光辐射，除有一定量的紫外线外，还有大量的红外线。由于电焊、气焊发生的强光有大量紫外线，这种强光直接刺激人的眼球，即可引起电光性眼炎。

（2）使用或修理紫外线太阳灯、紫外线消毒灯。

（3）使用炭弧灯或水银灯等光源工作，如用炭弧灯摄影制版，用水银灯摄制影片。

（4）从事各种焊接辅助工作或旁观电焊工作。

（5）从事有强烈电火花产生的工作。

（6）在冰雪、沙漠、海洋等处作业未带防护眼镜等。

二、发病特点

眼受到紫外线照射后，一般 6～8h 发病，最短的发病时间为 0.5h，最长不超过 24h 发病。发病前的这段时间叫潜伏期。发病早期只有轻度眼部不适，如眼干、眼胀、异物感及灼热感等，因为紫外线作用于角膜、结膜之后，经 6～8h 后引起部分上皮细胞坏死脱落。这时症状最严重，最初为异物感，继之眼剧痛，高度眼睑痉挛，怕光、流泪、伴面部烧灼感。病人面部和眼睑红肿，结膜充血水肿，视物模糊。眼部检查可见两眼发红（结膜充血），重者可见角膜水肿。眼睑部位的角膜上皮有点或片状脱落。受到紫外线照射愈久，脱落的上皮愈多。由于角膜上皮的脱落，上皮间的神经末梢暴露，这是眼疼痛的原因。以上症状可持续 6～8h，以后逐渐减轻，2～3 天完全恢复。

三、急救措施

电光性眼炎的发病多数在夜间、在家里出现，一般是双眼同时发病，但视力一般不受影响。掌握必要的急救措施，可减轻痛苦。

1．人奶或鲜牛奶点眼

发生了电光性眼炎后，其简便的应急措施是用煮过而又冷却的人奶或鲜牛奶点眼，可起到临时止痛和保护眼睛的作用。使用此法时，开始几分钟点一次，尔后随着症状的减轻，点奶的时间可适当延长。

2．止痛

最常用的止痛方法是用 0.5% 丁卡因眼药水，每 3min 滴一次，连滴 3 次。要注意的是，不要为止痛，滥用丁卡因眼药水，因为它有刺激性，妨碍上皮的生长。如眼不很痛，就尽量不要用。

3．用毛巾浸冷水敷眼部

用毛巾浸冷水，冷敷眼部以减少充血，减轻刺激。伤者要闭目休息，以减少光的刺激和眼球转动的磨擦。食物要清淡，不宜吃辣和刺激性食物。

4. 湿茶叶敷贴

取茶叶适量，用开水泡开，冷却后使用。患者仰卧床上，将湿茶叶敷贴于眼皮周围，轻轻启合眼皮数次。此时患者会有阵阵热泪流出，不久疼痛消失，如此每隔半小时换茶叶一次，共 7~8 次（有的人一次即可痊愈）。也可用茶叶贴住双眼，睡一夜即可痊愈。

5. 电光灵滴眼

用市售电光灵，每 2~4h 滴眼一次，8h 后停用，同时涂上 0.5% 红霉素或其他抗生素眼膏，每日 3 次。一般病人经上述处理 1~2 天后就会痊愈，若疼痛太剧烈，或自己医治后无好转，就要去医院诊治。电光性眼炎如果继发感染，而造成角膜溃疡，愈后也会有角膜薄翳而影响视力。注意：人奶与眼药水及眼药膏不能同时滴入，应稍有间隔，治疗期间应戴有色眼镜。

6. 应用抗前列腺素眼药水滴眼

前列腺素是一种炎性介质，在辐射、炎症及损伤等刺激下产生。当眼受到大量紫外线照射后，在角膜上皮和结膜组织中，均释放出大量的前列腺素，且在紫外线照射后 3h 角结膜组织中含量最高。前列腺素的大量释放，致使临床症状明显。前列腺素在体内由花生四烯酸通过环氧化酶合成，消炎痛能抑制环氧化酶的活性，从而抑制前列腺素的产生。眼局部滴 0.5% 消炎痛混悬液后能使眼组织中的前列腺素浓度明显下降，同时能减轻紫外线引起的角膜炎症，使临床症状减轻。

7. 使用硫酸软骨素滴眼

2% 硫酸软骨素滴眼，每次 2~3 滴，10~20min 一次，1h 后改为 1~2h 滴眼 1 次，直至痊愈。一般 5~6h 痊愈。本品为高黏性物质，用作滴眼剂可在角膜表面形成保护膜，减轻机械摩擦，缓解疼痛，有利于角膜上皮修复，是治疗电光性眼炎较理想的药物。

四、预防措施

电光性角结膜炎虽然不致永久性势力减退，但发病颇多，应注意采取以下预防措施：

（1）电焊作业人员和协助扶持焊件的人员应戴好防护面罩。若一时找不到防护面罩，应在产生弧光之前将脸部转向侧后方，同时闭紧双眼，避免弧光直接照射眼球。

（2）改善工作环境，如室内同时几部焊机工作时，最好中间设有隔离屏障，以免互相影响，墙壁上涂刷锌白、铬黄等物质，以吸收紫外线。尽量不要在室外进行电焊作业，以免影响他人。

（3）在电焊机周围的人或路经电焊机旁的行人，当出现电弧光时，应将脸部转向侧后方。

（4）应加强宣传教育，使人们认识电光性眼炎的危害性，严格遵守操作规程。

复习思考题

1. 什么叫电光性眼炎？产生电光性眼炎的原因是什么？
2. 电光性眼炎的发病特点是什么？
3. 电光性眼炎的急救措施有哪些？
4. 电光性眼炎的预防措施有哪些？

参 考 文 献

［1］ 张科军. 机电设备与建筑施工现场自救急救［M］. 山东：山东友谊出版社，2012.

［2］ 秦琦. 电力应急救援技术手册［M］. 北京：中国电力出版社，2016.

［3］ 苑舜. 触电事故的预防和现场救护［M］. 北京：中国电力出版社，2007.

［4］ 广州市红十字会，广州市健安应急救护培训中心. 电力行业现场急救技能培训手册［M］. 北京：中国电力出版社，2015.

［5］ 国网山西省电力公司. 触电防范与现场急救［M］. 北京：中国电力出版社，2012.

［6］ 邢娟娟. 紧急救助员实用应急技术［M］. 北京：航空工业出版社，2008.

［7］ 孙维生. 化学事故应急救援［M］. 北京：化学工业出版社，2008.

［8］ 张科军. 公共自救急救［M］. 山东：山东友谊出版社，2012.